风力发电机组设备以可靠性为中心的维修

中国水电工程顾问集团有限公司　组编

彭加立　尹浩霖　主编

内 容 提 要

本书简要介绍了以可靠性为中心的维修理论起源和发展，就该理论在各领域的应用情况进行了叙述，并说明了该理论在风力发电机组设备维修中应用的可行性。

本书系统介绍了以可靠性为中心的维修理论在风力发电机组设备维修决策中各关键技术特点及实施过程，详细介绍了风力发电机组设备实施以可靠性为中心的维修效果。全书共分为八章，主要内容包括绪论、RCM基本理论及风力发电机组应用分析、风力发电机组FMECA分析模型、风力发电机组可靠性分析模型、风力发电机组设备重要度分析模型、风力发电机组RCM决策模型、风力发电机组检修维护辅助决策系统、风力发电机组RCM实施评价。

本书可作为风电企业开展以可靠性为中心的维修管理参考用书，也可为其他相关企业提供借鉴经验和帮助。

图书在版编目（CIP）数据

风力发电机组设备以可靠性为中心的维修/彭加立，尹浩霖主编；中国水电工程顾问集团有限公司组编．—北京：中国电力出版社，2020.11

ISBN 978-7-5198-4852-1

Ⅰ.①风…　Ⅱ.①彭…　②尹…　③中…　Ⅲ.①风力发电机—发电机组—可靠性—维修　Ⅳ.①TM315

中国版本图书馆CIP数据核字（2020）第145635号

出版发行：中国电力出版社
地　　址：北京市东城区北京站西街19号（邮政编码100005）
网　　址：http://www.cepp.sgcc.com.cn
责任编辑：孙　芳
责任校对：黄　蓓　朱丽芳
装帧设计：赵珊珊
责任印制：吴　迪

印　　刷：北京天宇星印刷厂
版　　次：2020年11月第一版
印　　次：2020年11月北京第一次印刷
开　　本：787毫米×1092毫米　16开本
印　　张：8.75
字　　数：163千字
印　　数：0001—1500册
定　　价：55.00元

编 委 会

指导顾问： 曹春江　杨学功　李岳军　李光鹏　杨正广　卢红伟　李宁君　汪海成　王　晟　王　磊

主　　编： 彭加立　尹浩霖

副 主 编： 柳亦兵　杨　静　李霸军

编写人员： 潘肖宇　王达梦　赵　磊　崔　康　李　海　饶　帅　许骥川　谢　菲　柴江涛　滕　伟　马志勇

序

随着我国新能源开发，截至2019年全国已投产风电装机容量为2.9亿kW，投运风力发电机组达到数十万台，风电企业设备维修管理也显得越来越重要。

自2007年始，中国水电工程顾问集团有限公司开展风电投资业务，随着装机规模的逐步扩大，风力发电机组设备维修问题日益突出，现有的风力发电机组设备维修管理模式已不适应实际需要，如何建立一套更加符合当前风电企业设备现状，又能更好满足公司设备管理要求的设备维修决策模式，成为我们努力思考和不断探索的方向。中国水电工程顾问集团有限公司以投资建设的张北坝头风电场为依托，在风力发电机组设备维修决策中尝试引入了以可靠性为中心的维修理论，并探索出一套风力发电机组设备以可靠性为中心的维修决策方法模型，为强化风电场设备维修管理进行了积极而有益的探索。

以可靠性为中心的维修理论是20世纪70年代末发展起来的一种设备维修决策方法，是从设备故障模式分析入手，综合考虑设备故障模式对应的失效特征，以及对整个设备系统的影响程度，科学合理地制定有针对性的设备维修策略。《风力发电机组设备以可靠性为中心的维修》是基于以可靠性为中心的维修理论，围绕风力发电机组设备“安全性、可靠性、经济性”的目标，具体论述了风力发电机组设备故障影响及危害性分析方法、可靠性分析方法和设备重要度分析方法，在此基础上，实施风力发电机组设备以可靠性为中心的维修决策，并对实施结果进行了全面的对比分析，实现了以可靠性为中心的维修理论在风电设备领域系统实践应用，具有较强的理论性、指导性和可操作性。

《风力发电机组设备以可靠性为中心的维修》抓住了当前风电场设备维修管理的痛点，并以此为切入点探索了以可靠性为中心的维修理论在风力发电机组设备维修中的实践道路，本书的出版能够为风电行业的设备管理提供一套科学的、系统的、动态的维修理念。希望本书能引起行业内更广泛的探讨和应用，并为风电企业设备管理起到积极的借鉴作用。

董事长兼党委书记：

2020年11月12日

前　言

近年来，国内风力发电机组装机容量规模快速扩大，风力发电在区域电网供电可靠性和安全性影响越来越大。但目前国内风电企业对风力发电机组设备维修管理还较为粗放，维修管理的效率和经济性都难以满足当前电力市场发展需要，急需寻找一种符合风力发电机组设备特点的维修方式。预防性维修在传统发电领域已发挥重要作用，同时也是当前维修模式研究领域较为活跃的研究内容之一，但是在风电领域还未找到系统化决策应用方法。以可靠性为中心的维修理论是国外开展预防性维修决策应用较为广泛的理论，并且早期从可靠性为中心的维修（reliability centered maintenance，RCM）理论成功应用于国外航空设备及军队设备保养。其应用领域具有设备数量多、技术同质化等特点，因此考虑将RCM理论引入风力发电机组设备群的维修决策中，从而实现在确保风力发电机组安全、可靠运行的前提下，提高风力发电机组维修决策的实效性和经济性。

为更好地推进RCM理论在风力发电机组设备维修中的实际应用，本书从RCM理论发展入手，阐述了RCM在风电领域应用的可行性，并对RCM理论在风力发电机组开展预防性维修决策时必须解决的关键技术进行研究，再总结RCM理论在风力发电机组维修中的应用经验，组织编写了《风力发电机组设备以可靠性为中心的维修》一书。本书研究了国内外RCM实施的基本模型，并按照RCM实施内涵要求，提出针对风力发电机组设备预防性维修策略制定所需要的RCM改进方案，并对RCM理论的实际应用提出了新的解决思路。

本书对于风电企业以可靠性为中心的维修理论的导入、推行、应用、提升的全过程实践具有一定的帮助和指导意义，对于其他风电企业的预防性维修决策管理推行亦有借鉴作用，既可以作为以可靠性为中心的维修理论知识的培训教材，也可作为发电企业，特别是风电企业推行发电设备以可靠性为中心的维修决策的实操手册。

本书编写自2018年3月开始，历时1年半编写完成。第1章介绍了国内外风电行业维修决策管理的现状；第2章介绍了RCM基本理论内容；第3章以实际风力发电机组运行数据为例，研究了风力发电机组各子系统和部件的失效机理、故障模式及后果影响问题，提出了基于灰色理论的FMECA分析模型，并根据实际应用反馈，扩展和优化了传统FMECA分析表内容；第4章考虑当前风力发电机组历史故障样本数据较少所导致的可靠性量化指标计算精度较差的问题，提出基于支持向量回归机威布尔分布的风力发电机组可靠性量化分析模型；第5章开展了风力发电机组各子系统及部件重要度影响因素的研究，设置了9项影响因素，提出了基于蒙特卡洛算法的设备重要度评价模型；第6章对基于RCM方法在风力发电机组预防性维修决策适用性方面进行研究，并结合实际案例验证了有效性；第7章在以上研究成果的基础上，探索性地开发了风力发电机组检修维护辅助决策系统，并对该系统功能和使用效果进行了介绍；第8章介绍了风力发电机组RCM实施评价。

本书编写参考了大量文献资料，在此向其作者表示致谢！

在本书的编写过程中，得到了华北电力大学能源动力与机械工程学院滕伟教授、马志勇副教授的大力支持和帮助，在此向他们表示衷心的感谢。

由于时间仓促、水平有限，书中疏漏和不足在所难免，恳请广大读者提出宝贵意见，使之不断完善。

编者

2020.9

目　　录

1 绪　论

1.1 背景和意义

1.1.1 风电行业发展现状

随着我国经济持续高速发展，对能源电力的需求大幅增加，资源紧缺、环境污染等问题日益严重。进入“十三五”发展期间，大力发展清洁能源，减少化石能源的利用比例，实施清洁能源逐步替代化石能源已成为我国能源战略方面的重要举措。中国是风能资源储备的大国，风力发电的开发已逐步成为目前清洁能源发展的主力军，2006 年开始实施的《中华人民共和国可再生能源法》，进一步推动了风电的高速发展。截至 2017 年底，中国风力发电累计装机容量达到 1.64 亿 kW，位居世界第一，建成投运风力发电机组数十万台。受风电场本身设备运行工况和数量的影响，目前风力发电机组的检修维护工作量、停机维修费用以及电量损失也远远高于其他类型的发电设备。随着风力发电机组运行时间的增加，设备维护次数、维护工作量、维护持续时间也会增加。目前，国内风电行业依然沿用早期电力行业的以定期计划维修为主的发电设备维修体系，维修管理的方式较为单一，也不能完全适应风力发电机组的特点，使得我国风电行业面临大量设备被动维修管理的局面，这一情况严重影响了风电的市场竞争力和可持续发展，并且与我国现行的发电行业对设备管理要求相距甚远，因此风电行业急需寻找一种科学合理的设备维修管理方式，以保障风力发电机组高可靠性和高经济性运行。目前国内大型火电和核电企业早期引进以可靠性为中心的维修（reliability centered maintenance，RCM）理论，该理论是一种用于在设备使用环境下，保持实现设备设计功能的状态所必需的活动方法。RCM 方法最大的特点在于，该方法认识到设备故障的后果远比故障的技术特性重要得多，通过该方法所确定的维修方式并不是针对故障本身，而是避免或减轻故障后果，并且着眼于对设备性能最有影响的维修活动，避免将设备维修资源浪费在那些对设备可靠性影响不大或没有影响的维修活动上，从而改善发电企业的设备管理水平，有效控制维修成本，提高设备运行可靠性，实现增加发电量的目标[1]。

随着国内风力发电装机容量及区域内装机容量占比的持续增加，风电行业对于设备可靠性和维修管理的重视程度将进一步加强，目前以可靠性为中心的维修理论在风电行业内逐步引起关注，但以可靠性为中心的风力发电机组维修策略还未得到系统性的研究和应用。在风电行业推行以可靠性为中心的维修理论，将给风电行业维修管理方式带来巨大改变，其产生的效益将远远大于当前维修管理模式下的效益，因此开展以可靠性为中心的风力发电机组维修策略研究，解决以可靠性为中心的维修理论在风电场设备维修决策实施中的关键技术，对我国风电行业设备维修管理具有深远的意义和广阔的应用前景。

1.1.2 研究风力发电机组先进运维决策技术的必要性

目前，国内风力发电机组的维修模式主要以计划检修为主，辅之以事后维修，并且按照计划经济时代的工作配额制要求开展。目前由于风电场人员定额很少，风电场维修人员对于现场设备频繁故障已难以应对，大量繁杂的技术监督工作无法有效开展，并且风力发电机组是集合机械、电气、自动化等多专业，集成化、自动化程度很高的发电设备，各系统间联系紧密，难以通过传统的发电专业进行划分，这使得现场维修工作按照传统的事后维修和计划检修的模式更加难以支撑，设备可靠性不能得到有效保证，这种维修模式难以与当前风电场实际运行环境和电力市场环境要求相匹配，不能很好地保持风力发电机组可靠性，降低故障影响，提高设备可利用率，难以达到有效控制故障后果和控制维修成本的目标。

我国的风电企业与国外有所不同，以大规模风电场为主，一个风电场的风力发电机组数量动辄数百台，其中可能包含几种不同的机型，设备技术差异性较大，故障率高，设备维修管理要求高。国外文献资料中有过对于数百台风力发电机组故障统计分析方面的报道，但是关于国外风电维修方面的技术资料很少，在风力发电机组零部件运行维护及故障预测技术方面，国内外风电运行企业都是根据企业自身的管理模式和运行经验制定的，具有保密性，通常很难直接从其他企业获得相关完整资料，这给当前国内快速发展的风电行业带来较大的维修技术难度。针对我国风电大规模快速发展带来的问题，国家也高度重视。科技部 2014 年支撑计划项目专门立项“大型风电场智能化运行维护系统研究及示范”，该项目的研究内容及目标是研究风电场故障平均间隔时间、优化运行维护策略、优化备品备件管理等，给出机组系统的电气故障和振动故障等信息，为风电场提出维护策略和诊断分析，研制风电场智能化运行维护系统。维护系统要在 5 万千瓦级风电场示范，考核时间不低于 90 天，运行小时数在原基础上提高 5%，故障预测准确率达到 90%以上。

现行风电行业的设备维修决策方法存在明显缺陷，同时在当前新电力体制改革要求下，国内电力市场化程度逐步深化，对于风电参与市场竞争的要求逐步提高，迫使风电企业必须进行风力发电设备维修决策方法的革新。目前国内外大型水电、火力发电厂和核电厂已尝试大规模开展以可靠性为中心的设备维修决策方法的探索应用，国外已逐步探索在风电行业应用此方法。以可靠性为中心的维修决策方法是建立在管理方式和科学分析方法的技术上，用以确定设备检修工作、优化维修体系的一种系统工程方法[1]。通过以可靠性为中心的维修方法，明确各种可能故障造成的影响以及影响的方式，从而针对不同的影响及后果确定维修实施策略（时机和方式）。鉴于目前国内风电场主要以集中式为主要开发模式，而国外风电以分布式开发为主，并且国内没有可以实际借鉴的风电场应用 RCM 理论的成熟经验，因此当前国内风电行业急需一套符合大规模集中式风电场兆瓦级风力发电机组以可靠性为中心的设备维修决策模型，帮助国内风电场根据风力发电机组的故障影响后果和设备重要性，科学合理地选择维修时机和方式，有效提高设备可靠性，实现维修工作的经济性和发电效益的最优。

1.2　国内外研究状况

1.2.1　设备维修理论

人类进入大工业生产以来，设备维修方式一直在不断的变革，这种变革的主要原因是需要实施维修工作的设备数量和种类以及系统复杂程度大为增加，而且随着技术的不断发展，机械设备设计更为复杂，对应的维修技术要求也不断更新。随着工业发展速度的加快，各型设备在日常工业活动的重要性更为突显，相应的维修决策理论也在不断完善和优化。西方发达国家根据自身工业发展的实际情况以及生产需要，创造性地提出了许多各具特色的维修决策理论体系，其中比较有代表性的有英国的“设备综合工程学”、苏联的计划维修体系、美国的可靠性维修体系以及日本全员生产维修体系等[2]。回顾设备维修的演变过程，检修维护方式主要经历了三个阶段：第一阶段（1950 年之前）因为设备系统本身并不复杂，所以日常检修维护工作主要只是简单的保养工作，并没有真正形成检修维护体系；第二阶段（1950～1970 年）随着设备系统复杂程度增加，设备重要性增强，以及人们对于设备维修工作的认识加深，预防性检修维护概念成为当时的主流；第三阶段（1970 年～当前）随着设备系统自动化程度越来越高，以及设备故障导致的更为严重的后果，使得人们逐步认识到保持设备可靠运转的重要性，因此 RCM 迅速成为检修维护第三阶段发展的重要基础方法，使得维修决策过程发生了重大改变，已经从早期的单因素分析、制订维修计划升级成为覆盖多元因素的复杂维修决策过程，随着维修决策方式的变革，维修方法也先后经历了事后维修、定期维修、视情维修、状态维修等过程[1]。

在电力设备维修策略的选择方法、决策流程方面，国内很多学者已进行了研究，国内较早开展研究的电力设备为电力变压器，主要运用了灰色关联度、模糊综合评判法，多属性群决策、蒙特卡罗仿真及神经网络等方法进行决策，部分学者在设备重要度划分方面进行了研究。

赵代英等人[3-7]针对变压器开展了基于灰色关联度模型的维修策略研究。目前针对电力变压器的维修方法研究比较集中在基于状态监测和综合评判方法的领域，例如利用马尔可夫方法等进行维修策略优化，以提高电力变压器运行安全性和可靠性。徐波等人[8]开展的基于机会维修的电力设备决策模型研究，通过对突发性和劣化性故障间相互关联引起的风险对检修决策的影响，建立马尔可夫过程魔术设备的状态转移过程，构建设备机会维修模型，并对基于成熟的遗传算法予以求解。谷凯凯[9]等人提出了一种基于改善因子与经济性的电力设备维修策略选择方法。杨良军[10]提出了基于灰色关联度和理想解法的变压器状态维修策略决策。

在维修方式决策方面，黄光球[11]等提出了基于黑板系统建立的分布式协同决策支持系统结构，利用网络协同决策实现维修决策。郭江[12]建立了基于知识网格的多种知识、多类方法相互支持的协调维护决策体系结构。文献［13］中应用马尔科夫过程模型构建设备运行状态的预知模型。文献［14］中针对多设备复杂电网，考虑利用连续监测多元系统，结合遗传算法和蒙特卡罗仿真，进行维修时机决策，从而实现最佳的预防维修劣化阈值。张海军[15]等对状态维修模型进行了详细叙述，将维修模型划分为延迟时间模型、冲击模型、比例故障率模型和马尔可夫决策模型四类，并通过分析不同模型的优缺点最终确定维修策略。严志军[16]利用马尔可夫过程描述状态之间转移的特点，仿真计算设备系统有效度，从而确定最佳检修周期。梁剑[17]在马尔可夫维修优化模型的 利用再生和半再生的过程方法构建出航空发动机寿命劣化过程，并采用威布尔分布函数实现两种决策变量的综合优化。石慧[18]等人提出了基于寿命预测的预防性维护维修策略，通过构建设备寿命分布函数预测其平均寿命，以平均寿命为阈值制定预防性维护策略，张宏[19]等人以及卢雷等人[20]针对如何兼顾可靠性和经济性的最优状态维修策略进行了研究，确定了维修次数和维修时机。

在设备子系统重要度划分方面，高萍[21]等人提出了基于蒙特卡洛模拟的重要度评估算法流程，描述了设备的重要度级别。董玉亮[22]等人采用基于蒙特卡洛模拟的方法，对发电厂相关设备开展了重要度等级分析。张毅[23]运用模糊综合评判法划分设备重要等级，进而选择维修方式。常建娥[24]等根据设备的可靠性、可维修性、经济性等相关因素，采用模糊综合评判的方法，从而判断对应设备的维修模式。顾煜炯[25]等人提出了基于熵权法和层次分析法的模糊综合判断方法，确定设备维修模式。陶基斌[26]等人提出基于前馈式神经网络模型，用以在化工设备方面维修策略确定使用。戈猛[27]采用了模糊多属性群决策方法，对维护方式决策进行了确定，并介绍了设备维护防护四确定流程。曲立[28]等将约束理论应用于设备维修方式的确定中，通过详细梳理和分析设备相关系统约束特征，识别出设备系统的约束边界，区分关键设备和非关键设备，从而分别对应两类设备采取不同的维修策略组合。夏良华[29]等人提出了采取动态灵活的，具有针对性的设备维修策略，并给出了设备维修策略的选择方法和流程。

1.2.2 RCM 理论及应用研究

在世界范围，现代大规模并网风电的发展历史只有几十年，我国风电在过去十年实现爆发式增长，许多问题也是最近几年才逐渐暴露出来的。风电技术仍处在不断发展中，单机容量不断增大，机组的型式和结构也在不断发生变化。对于不同的风力发电机组型式，其零部件的故障模式、影响及重要度特点不同，发生故障的时间特征也不相同，因此与之相关的维修技术也在不断变化。即使是风力发电机组生产厂商对于设备技术也在不断的适应，因此尚未形成比较完善和成熟的风力发电机组维修管理技术和模式。而从风电场运营角度看，由于不同风电场的设备情况、风资源情况以及技术储备情况存在非常大的差别，加之各个风电企业都处于运行初期，经验不足，都在积极研究探索适合本风电场的维修技术和管理模式，没有成熟的技术和经验可供参考，只能依靠自主研究，根据各个风电企业自身的条件，形成适合企业的风力发电机组维修管理方法。

风电作为近几年才得到全面发展的发电业务，其设备管理的维修方式既与传统电力行业存在很多相同之处，同时也存在很大的差异。下面针对目前国内外有关风力发电的维修决策方法以及对应开展实施的维修组织模式研究现状进行介绍，并对各种维修决策方法和设备维修组织模式特点进行了分析，西方风电发达国家（丹麦、德国、美国和西班牙等）风电开发较早，积累了大量规模开发风电的经验，因此其具有较为成熟的且符合风电实际的设备运行及维修管理体系。同时由于其社会化分工体系较为完善，专业化水平较高，使得这些国家的风电企业主要选择通过委托合同的方式将风电场的日常设备维修管理工作交由市场化的专业力量完成，而风电企业业主主要精力放在管理决策和市场经营上。国外风电企业设备维修管理具有以下特点：

（1）风电场主要以分布式接入为主，大规模集中式风电场较少，风力发电机组设备整体运行工况较为友好，设备维修工作强度和复杂度较低。

（2）风力发电机组设备技术成熟，制造工艺和质量优良，风力发电机组设备整体可靠性较高，因此主要以预防性维护和检修工作为主，设备维修工作量较低。

(3) 风电行业发展较为成熟，各项制度体系规范且完备，行业内人才队伍培养机制健全，具有大量高水平的专业技术人才。

我国大规模开展风电开发时间较短，兆瓦级风力发电机组商业运行也只有近十年的经验，风力发电机组制造水平、设备运行工况环境、电网环境、设备运行及维修的技术实力都还与国外发达国家存在较大差距，造成风电场运维管理方式不明确，缺乏足够的设备运行技术和维修技术，一直没有形成通用的风力发电机组维修管理体系。同时，国内许多风电场的投运机组大部分还处于质保期，或即将退出质保期，一些风电企业逐步承担部分实质性的风力发电机组日常维修工作，但是对于核心维修工作依然需要依靠设备制造厂家。在风力发电机组质保期内，风力发电机组日常维修工作基本全部由设备制造厂家承担，并且设备制造厂家与风电企业运维人员之间存在一定的技术壁垒，导致风电企业在风力发电机组质保期内难以得到有效的设备维修管理经验积累和对应的设备维修技术支持，加之由于国内风电发展起步晚、速度快，行业内专业技术人才匮乏，大部分运维人员来自传统火电和水电企业，对于风力发电机组这种新的发电形式缺乏必要的专业知识和运维经验，因此这些情况导致风电行业设备管理技术水平整体不高的局面。目前，国内风电场维修决策主要依据风电设备制造厂家要求，按照其提供的风力发电机组维护检修手册的指导内容进行。风电场目前主要开展每年的定期维护工作，同时根据风力发电机组设备故障情况开展临时性的被动维修工作，未针对风力发电机组设备运行状态开展科学合理的维修决策工作。当前出现很多现场发现风力发电机组故障时，其子系统或部件已发生严重损坏的事例，给风电企业带来较为严重的发电效益损失，而随着风力发电机组单机容量的快速增加，这种设备故障损失的影响将进一步增加。在此基础上，随着设备运行时间的增加，其设备老化等问题将更为突出，设备维修工作量还将大幅增加。据西方国家统计，维修费用占风电场 25 年运行总成本费用的 23.51%，大修费用占风电场 25 年运行总成本费用的 8.59%，二者共占到总运行成本费用的约 1/3。我国的情况更加严重，目前虽然没有明确的统计数据，但是根据各个风电企业的实际运行情况来看，设备维修产生的费用远远高于其他类型发电设备。因此，实施科学合理的风力发电机组状态维修决策对风电企业具有重要意义。

以可靠性为中心的维护维修技术从 20 世纪 70 年代首先在民航领域开始发展起来，到 80 年代已经广泛应用于许多工业（包括电力工业）领域，迅速成为设备维修管理的一种基本体系[30]。在电力工业领域，以可靠性为中心的维护维修技术首先应用于核能发电，通过在核电站给水系统中的实施 RCM，提高了给水系统的可用率。据统计，采用以可靠性为中心的维修方式后，核电站的设备可利用率由不足 80%提高到 80%～90%[31]。其次在电力传输与分布系统中，以可靠性为中心的运行维护体系也得到了应用[32]，紧接着在1992年，美国Applied Economic Research公司首次对燃煤电厂的运行维护费用和可靠性的关系进行了统计学研究，为RCM在火力发电行业的实施提供了参考[33]。

近几年，国外一直针对RCM理论开展持续研究，对RCM理论进行深入拓展和研究，并将优化拓展后的RCM理论进行尝试应用，如de la Cruz-Aragoneses[34]等人对于工业设备在运行及设备设计过程中，针对设备实际运行的可靠性进行了分析，并提出了工业应用RCM理论的应用方法。Moslemi[35]等人提出了基于状态的可靠性维修理论在输电系统中的应用。Koksal A[36]等人提出了以可靠性为中心的电力变压器改进维修方法。Pourahmadi F[37]等人提出了基于博弈论的以可靠性为中心的维修在电力系统中的应用。Gania I. P.[38]等人提出了以可靠性为中心的维修在生产和服务类企业应用的方法。Umamaheswari E.[39]等人提出了基于随机模型的蚂蚁算法在以可靠性为中心的预防性维修理论在发电机检修计划中的应用。Geiss、Christian[40]等人提出了以可靠性为中心的风力发电机组资产管理方法。Vilayphonh O.[41]等人提出了以可靠性为中心的维修理论的变电站检修维护工作中的实施应用。Lazecky David[42]等人提出了将可靠性为中心的维修理论如何固化应用到相应预防性检修软件中。Yuniarto[43]等人开展了针对地热电站的以可靠性为中心的维修方法研究。B. Yssaad[44]和Diego Piasson[45]等人也将RCM方法应用于配电网维修工作。

长期以来，我国工业设备一直沿用苏联计划检修模式，通过对设备进行定期的维护和维修，有效地保障了设备及系统的安全、可靠运行。随着国内设备研发和制造水平的快速提高，相应的维修技术也得到了快速发展，多种先进的设备维修管理技术和理念，例如以可靠性为中心的维修理论逐渐在国内工业设备维修领域得到推广应用。由于RCM理论最早由国内军队引入并组织开展相关研究，一开始仅应用在一般大批量列装的军事设备日常维护保养中[46]，随后对于一些高精尖的军用设备也开展了RCM理论研究[47-51]，因此对RCM理论应用时间较长，并且也取得了较多的研究成果。目前国内多个重要工业领域均引入了RCM理论，并开展相关理论方法应用和优化研究，如国内航空领域也是较早引入RCM理论的行业，并结合国外航空领域应用RCM理论的经验，结合国内航空工业和运输领域的实际情况，开展了相关研究和创新[52-54]。铁路运输系统领域，对于目前高速列车和轨道交通列车的维修中已逐步引入RCM理论，并针对列车等铁路主要设备开展以可靠性为中心的预防性维修方法进行研究[55-62]。在国内石油化工领域，也已逐步引入RCM理论，改进油化工生产设备的预防性维修工作，并且在石油化工设备预防性维修和常规维修工作中开始应用[63-66]。

我国电力行业是国家经济发展的主要支撑行业，因此设备管理要求极为严格，尤其是设备维修方式的选择，更是随着电力行业的发展出现巨大改变。目前，国内电力行业也将 RCM 理论逐步引入传统发电设备，并已积累了一定的实践经验。国内电力行业于 20 世纪 90 年代开始了以可靠性为中心的运行维护体系的应用研究，并首先尝试应用于国内核电和火电领域。如清华大学梅启智[67、68]等人在以可靠性为中心的运行维护体系中引入 PSA 方法，应用于核电站的维修决策，同时国内逐步将该体系应用于汽轮机及其辅助设备的维修决策。1996 年 11 月在上海召开了电力设备状态维修工作经验交流会之后开展了相关研究和试点，随着国内以大亚湾核电站为代表的大型核电机组投入运行，核电领域开展 RCM 应用研究的案例快速增加，利用 RCM 理论优化核电站检修维护大纲的创新研究成果也逐步增加，并且在一些关键部件和系统检修维护工作中进行了研究，并将部分成果应用到实际工作中[69-77]。

现代化设备管理理念在火力发电领域已经普遍推广，在过去近二十年的时间里，国内火电也在核电之后大规模引入 RCM 理论。20 世纪 90 年代初，国内火电机组技术尚未成熟，机组运行不稳定，发电设备可靠性较差，日常设备检修维护工作量很大，给火电厂安全运行带来很大影响，因此在引进国外先进火电设备设计制造技术的同时，也引入了 RCM 设备管理理念，并持续开展研究，目前在火电三大主机系统设备上都开展了有关 RCM 理论的应用和实践研究[78-82]。与此同时，国内电网及发电企业逐渐推行了设备优化运行维护和检修管理体系，尤其是电力输配电领域也开展了针对 RCM 理论的实践和应用研究[83-87]。国家电网有限公司在多年研究和实际运行经验总结的基础上，逐渐推出多个输变电设备状态评价及状态检修相关的标准，如《国家电网公司设备状态检修管理规定（试行）》、《输变电设备状态检修试验规程》（Q/GDW 168—2008）、《油浸式电力变压器（电抗器）状态评价导则》（Q/GDW 169—2008）、《油浸式电力变压器（电抗器）状态检修导则》（Q/GDW 170—2008）、《国家电网公司输变电设备风险评估导则》、《国家电网公司输变电设备状态检修辅助决策系统技术导则》等，在企业内全面推行设备状态检修技术，进一步提高了设备运行维护与检修管理水平。

风力发电机组是技术水平和集成度很高的设备，其故障率普遍高于风电场内其他设备，这一问题引起了各风力发电机组制造厂家和风电企业的高度重视，并在风力发电机组设备维修决策技术和实施技术方法完善研究方面投入了大量精力。国外对于风力发电机组的维修策略起步较早，并且针对风电场以及风力发电机组的维修策略开展了较多的研究和思考[88、89]，Deng M[90]、Le B[91]、Liu Y[92]、Hockley C J[93]、Anonymous[94]、Byon E[95]等人针对常规风力发电机组维修决策模型建立和分析开展了相关研究，Fonseca I[96]提出了基于状态维修的风力发电机组维修策略，Sarbjeet Singh[97]等人提出了基于在线监测 RCM 方法的风力发电机组齿轮箱的故障维修方法，Katharina

Fischer[98]等人针对风力发电机组齿轮箱提出了基于风力发电机组实际数据分析和实际运行经验的RCM维修方法，Joel Igba[99]等人针对风力发电机组齿轮箱提出了基于系统法的RCM维修策略。国内芮晓明[100]等人利用风力发电机组试运行期间的平均故障间隔时间这一关键指标，对机组可靠度进行Kaplan-Meier非参数估计，通过二参数威布尔分布优化得出较为精确的平均故障间隔时间；谢鲁冰[101]等人提出将风力发电机组简化成串联系统后，以单周期串联的维修费用率（最小）、可用度（最大）、综合维修费用率和可用度指标为目标建立了计划型预防维修模型和机会型预防维修模型，引入了权重系数，讨论了风力发电机组传动系统的最满意预防维修决策；赵洪山[102]、鄢盛腾[103]、周健[104]等人提出了基于机会维修模型的风力发电机组优化维修方法，采用机会维修策略优化风机关键部件的预防维修和机会维修役龄，有效分摊固定维修成本；郑小霞[105]等人提出了针对风力发电机组维修方式单一、成本昂贵的问题，提出考虑不完全维修的风力发电机组预防性机会维修策略；霍娟[106]等人提出了一种基于部件寿命信息的机组可靠寿命分布拟合方法，最终通过可靠度测度分析模型能够有效地评价机组维修方案的优劣；张健平[107]、张路鹏[108]、李娟娣[109]、王瑞[110]提出了基于风力发电机组状态监测和评价的维修模型。在此基础上，国内随着风电装机的继续扩大，相应的风力发电机组类型也不断增加，从而对于风力发电机组内部关键部件，如针对整个传动系统，甚至具体到齿轮箱等重要设备，以及变桨系统、偏航系统、制动设备等专项设备的检修维护策略进行研究也不断展开[111-116]。

我国风电起步比较晚，许多风电运行企业仍处于技术摸索期，尚未建立起系统的风力发电机组运行维护维修体系。近几年，国内已逐步开始探索风电领域维修决策的实施方法，以及关键设备维修周期的确定方法，从而改变国内原有沿袭火电和水电维修模式的探索，并且也尝试性地开展了有关RCM理论应用的研究[117-121]，其中潘其云[122]提出了基于RCM理论模型的风力发电机组维修周期确定的模型，柴江涛[123]开展了基于RCM理论的风力发电机组维修决策相关技术的研究，王成成[124]提出了通过对风力发电机组可靠性分析，建立相关可靠性评价分析模型，然后通过对机组状态进行动态评价，从而确定了机组维修策略的方法。但是，在风电相关领域还没有RCM理论系统实施应用的完整研究案例。国内多数风力发电企业目前处于风力发电机组制造厂家先期开展代理维护的状态，导致发电企业无法应对设备接管后的风力发电设备运行和维修工作，对风力发电成本无法实现准确预控。如何在面对电网频繁限电、电力市场竞争日益激烈的环境下，使风力发电机组维修工作更为高效、维修成本最优、设备可靠性最佳是目前风电企业面临的首要问题，因此风力发电企业引入以可靠性为中心的维修体系将成为今后的主流理念。

1.2.3 风力发电机组维修决策支持系统研究现状

随着设备维修技术的不断发展，以及当前大数据技术的不断应用，国内外也逐步开展了针对设备维修决策支持系统的研究，并在一些工业设备领域取得了实际研究成果，如军用设备、航空、铁路、船舶、电网系统中都在开展相关维修决策支持系统的研究与探索[125-130]。但是由于发电厂涉及的设备较多，系统功能复杂，关联度较高，目前鲜有成熟可靠的维修决策支持系统出现。目前主要在火电系统中取得一定的成果，如杨栋[131]开展的关于火电机组可靠性评估与维修决策支持系统的研究，董玉亮[132]提出的发电设备运行与维修决策支持系统研究，以及姜运臣[133]针对锅炉系统提出的支撑维修决策支持系统的研究。风力发电机组是一种高集成度、高新技术的设备系统，并且其设备更新迭代的速度较快，设备类型较多，设备运行时间较短，设备运行数据较少，因此目前在风电领域，与设备相关的智能分析系统主要分为两类，一类是风电生产管理系统，另一类是风力发电机组相关设备的状态监测及故障诊断系统。针对风电场风力发电机组维修决策支持的智能系统目前市场上还较少，现有文献报道的有刘佳[134]提出的风电场设备维修决策支持系统研究。虽然国外风力发电机组厂家目前也提供类似的软件产品，但是其提供的维修策略基本上是固定维修策略，未能实现动态分析变化，而国内也主要是风机设备制造厂家开展了相关系统的开发，但是维修决策主要依靠后台专家的支持，未能实现系统通过数据积累分析自动得出维修策略结论。因此，在充分分析我国风力发电机组的基础上，利用先进的维修决策理论，综合分析风力发电机组运行数据和历史数据，在全面分析风力发电机组故障模式和影响的基础上，通过对风力发电机组可靠性量化评价，建立风力发电机组维修决策支持系统，国内风电行业实现科学、高效维修具有重要意义。

2 RCM 基本理论及风力发电机组应用分析

2.1 概 述

RCM 是 20 世纪 70 年代末发展起来的一种设备维修决策方法，从设备故障模式分析入手，综合考虑设备故障模式对应的失效特征，以及对整个设备系统的影响程度，从而科学合理制定有针对性的设备维修策略。我国电力行业于 20 世纪 80 年代初开始尝试引入 RCM 方法，并逐步开展 RCM 探索实践及推广工作，在电力相关设备上开展 RCM 分析工作，从而明确电力设备可靠性数据和评价指标，找到可靠性难以满足要求的环节，得到易损件相关寿命分布情况、故障特征、故障危害度特性，最终实现增强设备运行安全可靠性和延长使用寿命，降低维修费用的目的。

风力发电机组设备是实现风力发电的主要设备，我国已建成的风电场以大规模集中式风电场为主，一般都包含几十台、上百台相同或相近型号的风力发电机组。并网风力发电机组结构分为直驱式和双馈式两种。从最新统计的数据来看，陆上风电场的单台风力发电机组容量已超过 3MW，海上风力发电机组单机容量已达到 6MW。未来随着技术的发展，风力发电机组设备集成度、自动化水平将会更高。当前国内风电场风机设备具有设备基数大、分布广泛、风机核心技术匮乏等情况，这就给风力发电机组的检修维护方式提出了新的要求。本书以国内风电大规模发展过程中投运的具有典型代表性的风电场设备为对象开展研究。由于所选风电场设备的投运正处于国内风力发电机组快速扩张的阶段，并且风力发电机组已出质保期，可以为实施 RCM 研究提供丰富的运行维护数据，具有很好的示范作用。

RCM 技术的思想源于 20 世纪 70 年代美国航空业对飞机维修方式的反思探索。在这以前，美国航空领域的企业也采用 TBM 方法制订航空设备管理和检修维护计划[135]。这种检修维护方法具有其自身特点，即给设备预先设定了一个确定且唯一的寿命区间，在这个区间里，根据经验判断和制订一个对应确定寿命区间的检修维护计划，并按此计划开展定期检修维护工作，无论设备当前运行状况如何，运行状况是否出现异常，都必须按照事先制订的检修维护计划时间点开展相应检修维护工作。这种方式在应对结构简单、功能单一、材质单一、检修维护工作难度较低的设备时效果较好。但是，该方式存在一个较为明显的缺点：由于制订检修维护工作计划的依据并不是根据设备当前运行的实际状态，完全是依靠经验数据进行推理和分析，经常会出现设备的故障状态和特性与前期设备寿命区间内制订的检修维护计划工作时间点难以对应的情况，容易发生设备故障时不能得到及时有效的检修和维护，而设备状态良好时却又开展无意义的检修维护工作，即所谓的“欠维修”和“过维修”的现象。随着构造更为复杂、技术更为先进、自动化水平更高的波音 747 飞机的出现，TBM 维修计划很难适应这种高集成化设备的检修维护管理[136]，航空公司为此付出了昂贵的设备检修维护费用，效益利润都被设备日常检修维护成本所侵蚀，这就促使航空公司全面尝试针对当前先进技术设备的新的检修维护策略，并确定新的检修维护策略目标，即“制定一个能以最低的成本确保达到设备可能达到的最大安全性和可靠性的预定维修方式”[137]。20 世纪 70 年代末，初步形成了以可靠性为中心的检修维护体系。根据设备的状态监测评价结论和维持设备设计功能需要来制订检修维护计划，较好地规避了检修维护工作的不足和过度问题，并且有效控制了检修维护实施费用，还提高了设备的安全性和可靠性。

RCM 理论之所以成为当前维修技术发展的主流方法，并从众多维修理论中脱颖而出，在多领域推广实践[138]，主要原因是：它的全部计划建立在以设备可靠性为中心的基础之上，开展视情检修维护，在保证安全性的前提下，充分考虑检修维护工作的经济性、可靠性与先进的设备诊断技术相结合原则，后期还逐步将环保等影响因素也纳入综合分析中，形成了一个综合全面、科学实用的设备检修维护方法[139]。

2.2　以可靠性为中心的维修理论

2.2.1　RCM 的基本思想

随着设备技术的更新发展，设备本身复杂和精密程度的提高，以及人们对设备管理问题的重视程度的不断加强，对设备故障模式认识的深化，设备检修维护理论也在不断地发展变化。设备维修理论发展过程大致可以分为三个阶段，设备检修维护领域经过大量的理论和管理实践发现，设备故障模式基本分为六种类型，图 2-1 所示为这六种故障失效模式的失效率曲线特征。

在设备维修决策理论研究初期，大部分专家认为设备故障导致的失效模式都属于损耗型，即设备失效率将随着设备运行时间的增加而不断升高，满足图 2-1 中的 B 型，而当时是以事后维修为主。随着设备技术发展，人们逐步认为设备发生率应服从“浴盆曲线”，如图 2-1 所示中的 A 型，“浴盆曲线”说明设备在投入运行的初期，由于处于设备

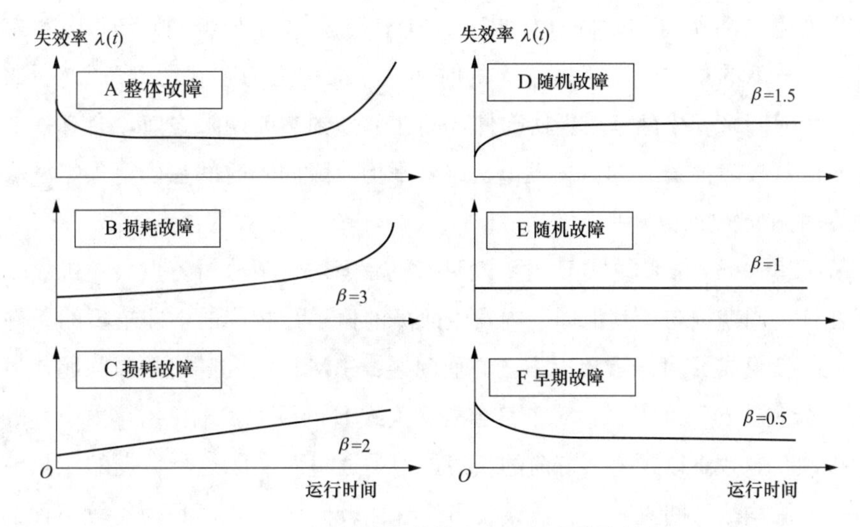

图 2-1 六种故障失效模式的失效率曲线特征

运行磨合期，设备故障概率较高，但随后进入了设备平稳运行期，故障率较初期有所下降并趋于稳定，而接近设备寿命末期，即进入设备损耗期，设备故障率又将升高。因此基于这一认识，人们为预防故障发生，在不断降低故障发生率的目标驱使下，逐步发展形成了设备预防性维修理论体系。近代随着对设备运行研究的进一步深入以及设备功能和种类的快速增加，同时对设备可用度、安全性、设备质量、运维成本等因素的考虑也更为完善，对设备维修提出了更高要求，因此人们发现设备故障的失效模式并不是单一表象的，随机故障模式（D 型、E 型）和早期故障模式（F 型）出现频次逐步增加，而损耗性故障（A 型、B 型、C 型）模式出现的频次逐步降低，这一现象的发现对维修技术革新的推动作用是巨大的[140-143]。

图 2-1 所示的 6 种故障模式表明，复杂设备中不同部件的故障失效模式可能有多种不同的表现，不能通过采取统一的定期检修和定期维护工作来有效避免故障的发生，原有定期检修维护模式难以有效应对以上 6 种故障模式。在这种情况下，RCM 理论就是要求将设备检修维护理念从传统的定期检修和定期维护这种固化思维模式中解放出来，将设备管理的中心从应对故障、解决故障本身转移到对故障影响和故障后果上来，从传统的机械的预防已发生的故障，逐步转向通过利用分析设备运行状态和各种影响设备运行的后果，来计划未来的设备检修维护工作，从而真正实现设备管理优化和设备可靠性的提升[144]。

以下对图 2-1 所示的 6 种故障模式进行分析：

（1）故障模式 B：故障模式 B 所表示的“寿命”具有两种含义。第一种含义是各设备连续故障发生之间所需的时间（如果全部样本都运行到故障，则与平均寿命相等）；第二种含义是故障的条件概率迅速增大的时间，一般称之为“有用寿命”。而如果要以平均故障间隔时间来安排翻修或更换部件，则在部件到达此期限之前，会有一半发生故障。因此对服从故障模式 B 的风力发电机组，平均故障间隔时间在确定预定翻修和预定报废的频度时用处较少或无用处。

（2）故障模式 E：故障模式 E 主要说明随机故障的定量分析特点。随机故障指风力发电机组在任一周期内与在其他周期内发生故障的概率是相同的，即故障的条件概率是不变的。从故障模式 E 可以看出以下三方面问题：①MTBF 和随机故障问题，虽然根据故障模式 E 所表现的情况来看，对于符合故障模式 E 的风力发电机组，由于其故障发生概率的随机性，导致难以预测其寿命的长短，但是通过对实际运行数据的积累，依然可以找出设备的平均故障间隔时间；②设备可靠性比较问题，MTBF 为比较两种都服从故障模式 E 的不同风力发电机组部件的可靠性提供了依据，通过判断一定周期内两个同类型设备的 MTBF，而 MTBF 较高的设备具有较低的故障概率；③P-F 曲线和随机故障的问题，通过实际数据研究发现，服从故障模式 E 的风力发电机组在发生故障前没有任何预告，而这种情况并不会影响 P-F 分析的有效性，只是说明目前没有一种有效的预防性维修手段（视情、预定翻修、预定报废）对符合故障模式 E 的设备是可行的。

（3）故障模式 C：故障模式 C 表示了故障概率平稳增长，但是难以通过故障模式 C 曲线准确找出具体的设备“损耗点”。但是通过研究发现，故障模式 C 也并不完全是只与设备疲劳程度有关，通过威布尔分布函数模型计算得到，故障模式 C 在一个较长周期内也可能出现斜度从非常陡到平坦之间的变化。

（4）故障模式 D：故障模式 D 是与故障威布尔分布模型中的形状参数 β 大于 1 且小于 2 的威布尔分布有关的条件概率曲线。

（5）故障模式 F：故障模式 F 是唯一的故障条件概率随工况下降的模式。故障模式 F 的形状表明，当设备是新的或刚翻修过时，发生故障的概率最高，主要是由设计不良、制造质量差、安装不正确、调试不正确、操作不正确、不必要的日常维修、过多干涉性维修、工作质量差等因素造成。

（6）故障模式 A：目前故障模式 A 经研究证明是两种或两种以上不同故障模式的组合，其中一种故障模式表现有早期故障，其他故障模式显示出随工作时间增加的故障概率。从故障控制的观点来看，其中每一种故障都必须按照其自身的后果和技术特性加以鉴别和处理。

RCM 的核心思想是以最低成本（时间、费用）维持设备可靠性（减缓可靠性衰减速度）的维修。

2.2.2 RCM 基本分析方法

RCM 的基本任务是确保设备在既定的使用条件下实现其设计功能，因此在开展 RCM 分析时，应对设备进行全面的分类和分析，确定各设备系统之间的关系及构成，并建立一套设备信息档案。完成整改 RCM 分析决策工作必须解决好以下 7 个问题：

（1）设备在现有使用范围内的功能和与其有关的性能指标是什么?

（2）引起设备无法实现其功能的故障是什么?

（3）引起各功能故障发生的故障模式是什么?

（4）故障造成的影响是什么?

（5）什么情况下故障至关重要?

（6）做什么工作可以预防故障的发生?

（7）如果没有找到合适的预订维修手段，采取什么暂定措施?

解决以上 7 个问题必须首先全面掌握设备自身特性、运维数据、外部环境等因素，其次开展 FMECA 分析，确定设备功能以及引起故障特点及故障发生后的影响。基于前面的分析后针对设备开展 RCM 决策，决定采用哪种维修措施，即是预防性维修措施还是事后维修措施。如果开展预防性维修措施，如何确定维修时机和间隔也需要科学的模型作为支撑[145、146]。

2.2.3 RCM 实施过程

1. 编制详细的设备清单

在进行 RCM 分析之初，必须对分析的目标设备编制详细的清单。这一清单包括目标设备的所有物项，因此这一清单就成为用于报告设备性能和检修维护费用的信息基础。设备清单应包括以下 7 方面信息：①设备编码；②设备名称与使用目的；③设备产品说明，如商标、型号及出厂号等；④供货单位信息；⑤技术资料，如尺寸、额定功率等；⑥设备购买信息和入库信息；⑦设备技术手册及图纸，特别是操作手册、备件清单和技术手册。设备清单必须不断更新，因为设备清单是设备检修维护工作的基础，如果设备清单过时或是存在缺陷，那后续对应的分析过程也必将过时或存在差错，所以，编制详细的设备清单是开展 RCM 分析的关键环节。

2. 确定设备的功能和故障模式

设备维修目的就是希望保持设备完成设计功能的状态，因此任何检修维护工作需求都必须建立在清楚了解设备功能的基础上，才能确定检修维护工作。设备功能确定要从四个方面着手，即主要功能、次要功能、保护功能、冗余功能，全面梳理设备功能，在确定好设备功能分类后，针对每一类功能，都要对其性能进行详细的定义，明确各项设备功能与其使用范围的关系。当明确了设备功能后，在此基础上，RCM 分析要对故障定义、故障模式、故障影响进行判断，通过故障定义明确检修维护工作开展目的，并且只有明确了故障模式，才能逐项分析每种故障模式出现时实际发生的状况，也就是故障的影响情况，详细的故障模式分析将大大简化对故障影响的说明和分析工作。

3. 故障后果的判断

各种故障后果的严重程度的评判要结合设备自身的运行环境、设备自身功能指标、设备故障这三个主要直接影响因素，在此基础上都将存在与各个因素组合对应的故障严重情况。如果不对设备故障进行预防，有些故障导致的后果会非常严重，如造成人员伤亡和重大财产损失，或是对环境造成极大影响，需要竭尽全力去预防此类故障的发生，而有些设备故障并不会造成实质的影响，因此这些情况说明故障预防工作更多的是避免或降低故障后果，这远比预防故障本身更为重要。RCM 理论将故障后果分为 4 类，分两步实施，第一步区分明显故障后果和隐蔽性故障后果，第二步是在第一步基础上将明显故障后果分为安全性和环境性后果、使用性后果、非使用性后果。

4. 预防性工作分析

RCM 理论中预防性工作的主要目的是避免或降低故障产生的后果，因此开展预防性工作分析要确定预防性工作的可行性，也就是从故障模式和与之对应的预防工作技术特性开展全方位分析。目前 RCM 理论确定了 3 类预防性工作的技术可行性标准，分别是预定视情工作、预定翻修工作和预定报废工作。在进行预防性工作决策时，应首先考虑视情工作，即状态维修，因为视情工作是根据设备运行状态进行判断，对设备当前状态改动和影响最小，确定具体的排故措施，大量减少检修维护工作量。如果针对设备故障无法找到合适的视情工作，或是设备故障将导致重大安全和经济损失时，则可以根据设备运维实际情况和经济可行性，制订预定技术改造计划，以便有效消除设备故障影响。预定报废工作在 3 种预防性工作中经济性最低，但是通过预定报废工作，可以有效控制设备安全极限，从而预防设备故障的临界发生点，通过分析得到设备最有用的经济寿命极限，结合设备故障后的影响程度从而有效控制整体设备故障影响。而对于少数具有安全性、经济性、环境危害后果的故障模式，无法找到一种特定有针对性的预防性工作方法，在这种情况，RCM 理论要求可以把几种预防性工作组合起来使用，最大限度地降低这类故障影响后果。

5. 维修措施的确定

在开展 RCM 分析过程中，会遇到一些故障模式，在现有的分析结论和技术条件下，

难以确定一种既技术可行又经济可行的预防性工作，因此在RCM理论中，对于这一类情况，必须针对故障后果采取暂定措施。制定暂定措施要从设备预定故障检测入手，通过开展无定期维修工作，或是根据设备运行实际情况开展重新设计，开展定期不定期的区域和巡回检查工作，为未来确定对应的预防性工作打下基础，从而使RCM决断过程更为全面并符合现实工况。

6. RCM逻辑决断图

RCM逻辑决断图能够将决断过程综合在一个框架中，通过逻辑决断图完成决断，逻辑决断图由一系列的方框和矢量线组成，如图2-2和图2-3所示。

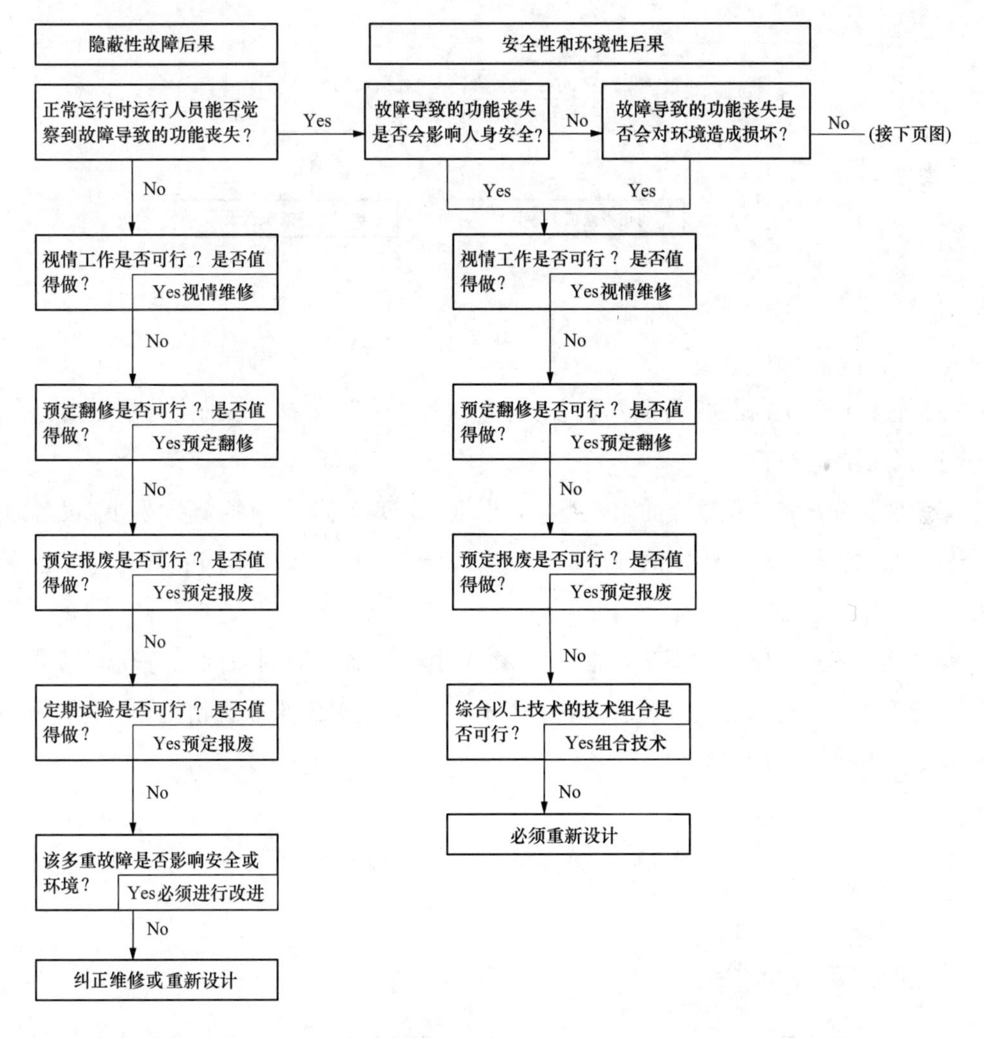

图2-2 RCM逻辑决断图（一）

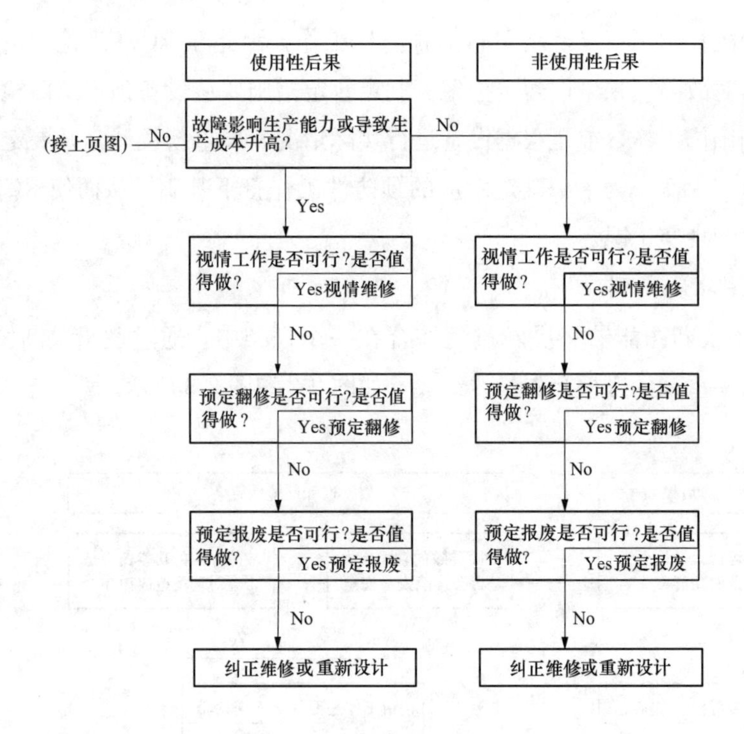

图 2-3　RCM 逻辑决断图（二）

分析过程始于决断图的顶部，通过对问题回答“是”或“否”确定分析方向。决策过程分两个层次进行：

第一层：确定各功能故障的影响类型，根据 FMEA 结果，对每个重要功能设备的每一个故障原因进行决断，确定故障后果。确定故障后果后，按照不同的影响进行进一步分析。

第二层：确定维修工作类型。根据 FMEA 中各功能故障的原因和特征、规律、后果。按所需资源和技术要求由低到高选择维修工作类型确定采取视情工作、定期更换、定期维修或其他暂定措施。

2.3　风力发电机组特点

2.3.1　风力发电机组类型

风力发电是将风的动能转化为机械能，最终通过机械能转化成为电能的发电形式，这一能量转化过程通过风力发电机组实现。在从风能到电能的能量转换过程中，风速的大小和方向是随机变化的，因此也要求风力发电机组要以最经济、最可靠的方式并网运行，并且时刻满足电网负荷变化需要。因此风力发电机组设备需要首先考虑如何应对自然风况随机变化，控制风力发电机组实现自动并网与脱网，以及对运行过程中的故障实现检测和保护；还要考虑运行过程中机组能否高效地获取和转化风能，即如何控制风力发电机组使其在各种风况下均能高效地将风能转换成机械能；同时还要考虑风力发电机组的供电质量及满足电网的相关并网技术要求。风力发电机组经过了不断的技术改进和更新，单机容量不断增大，从当初的单机容量几百千瓦功率发展到现在的兆瓦级大型并网发电机组。目前陆上投运的风力发电机组单机最大容量已达到 3MW，海上风力发电机组单机最大容量已达到 5MW。风力发电机组的种类很多，具体分类见表 2-1。

表 2-1　　风力发电机组类型

以流体力学区分	以形状区分	以发电原理区分	以转速区分
扬力型	水平轴式	感应型	恒速式
抗力型	垂直轴式	同步型	变速式

目前，水平轴三桨叶风力发电机组装机规模占比最大，是当前风力发电市场的主流机型[147、148]。风力发电机组中发电机是将风力动能转化成为电能的关键大部件，根据风力发电机组发电机升速模式不同可分为齿轮箱升速型和直驱型风力发电机组。直驱型风力发电机组是风机叶轮与低速励磁同步发电机相连，或是风机叶轮与永磁体同步发电机相连，发电机出口电能通过全功率变频器转换成电网标准下的电能后上网送出，直驱型风力发电机组不用安装升速用的齿轮箱[149-151]。但是直驱型风力发电机组没有升速齿轮箱，发电机转速较低，为满足输出功率直驱、风力发电机组发电机质量和体积都很大，需要大功率变频器满足功率输出，这对变频器的技术要求较高，制造成本也相应增加，而齿轮箱升速型风力发电机组利用齿轮箱将风机叶轮转速提升至发电机的额定转速，因此发电机体积和质量都较直驱型风力发电机组小，同时通过采用双馈式发电机组直接实现并网，所需变频器功率也较小，电气系统的运维成本相对降低[152-157]。

本书选取的研究对象是具有齿轮箱升速型双馈风力发电机组，即双馈异步型风力发电机组。双馈型变桨变速恒频技术采用了风轮可变转速的变桨运行，利用多级齿轮箱增速驱动双馈异步型发电机实现并网。双馈异步型变速恒频风力发电机组的总体结构如图 2-4 所示。

双馈型风力发电机组具有发电机转速高、转矩小、质量轻、体积小、变流器容量小等优点，但是也存在一定缺点，如齿轮箱的运行维护成本较高，存在机械运行损耗、电气设备复杂、自动控制策略复杂等现象[158-162]。

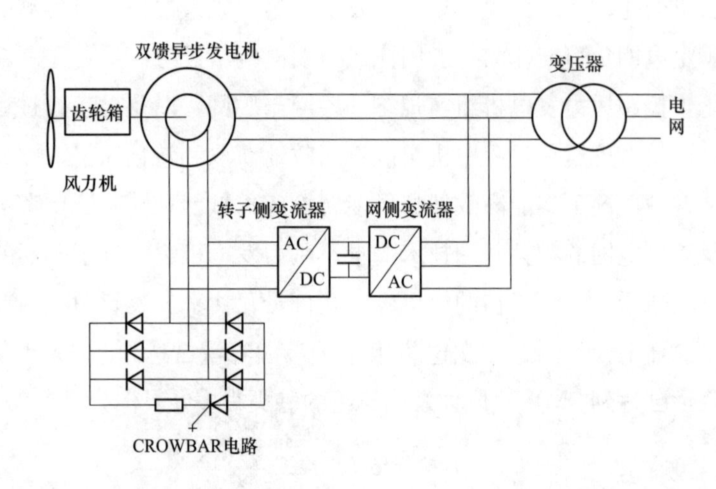

图 2-4　双馈异步型变速恒频风力发电机组结构

2.3.2　风力发电机组系统划分

双馈式风力发电机组的子系统按照功能划分，可以分为 11 个子系统：风轮系统、变桨系统、传动系统、发电机系统、变频器系统、主控系统、液压系统、偏航系统、机舱塔筒系统、保护系统、箱式变电站系统，各系统的功能如图 2-5 所示。

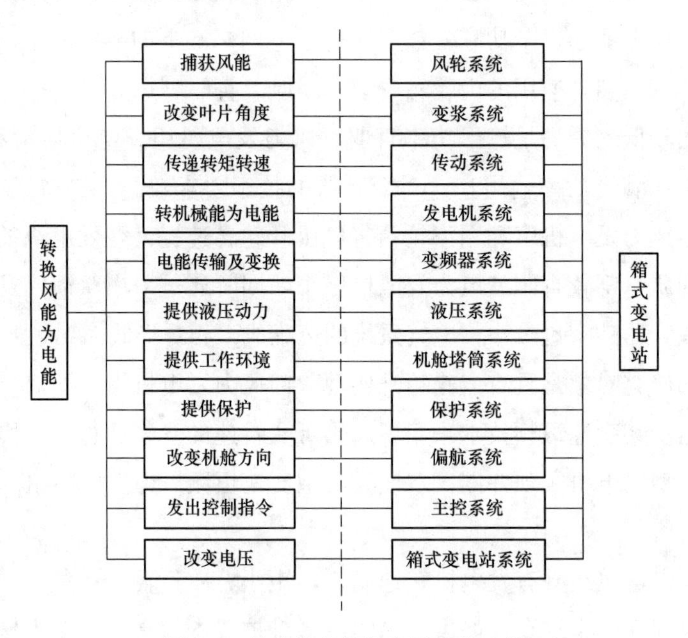

图 2-5　风力发电机组各子系统功能

(1) 风轮系统：其主要作用是把风的动能转换成风轮的旋转机械能，并通过传动系统传递给发电机，进而转换成电能。风轮系统决定风力发电机组的工作效率，风轮系统的成本占风力发电机组总造价的20%～30%，其设计寿命为20年。风轮系统主要包括叶片和轮毂等部件。

(2) 变桨系统：是安装在轮毂内通过改变叶片角度（桨距）对机组运行进行功率控制的装置。其主要功能：一是变桨功能，即通过精细的角度变化，使叶片向顺桨方向转动，改变合成气流的功角，降低升力，实现风力发电机组输出功率的控制；二是制动功能，通过变桨系统，将叶片转动到顺桨位置以产生空气动力制动效果，与传动系统的机械制动装置共同使机组安全停机。目前，主要有液压变桨和电动变桨两种方式。

(3) 传动系统：是指将风轮系统获得的动力以机械方式传递给发电机系统的整个轴系及其组成部分，主要包括主轴、齿轮箱、联轴器等设备[163]。其中主轴连接风轮并将风轮的转矩传递给齿轮箱，通过主轴轴承将轴向推力、气动弯矩传递给底座；联轴器是用来连接主动轴和被动轴，使之共同旋转以传递转矩的机械零件；齿轮箱是用来将初始风轮产生的低转速、高转矩机械能，通过两级行星齿轮升速至发电机系统可以利用的机械能设备。

(4) 发电机系统：是将风能形成的机械能转化为电能的关键设备，发电机系统决定风力发电机组输出电能质量和系统效率，因此选用可靠性稳定、转化效率高、技术成熟的发电机系统是风力发电机组设备选型的关键[164]。发电机系统最主要的设备是发电机，本书研究涉及的风力发电机组发电机为双馈异步发电机。

(5) 变频器系统：是变速恒频风力发电机组的重要组成部件，随着风力发电机组单机容量的增大，变流器的容量也随之增加，为了防止变流器作为电网的非线性负载，对电网产生谐波污染和引起无功问题，要求变流器的输入特性良好。目前变速恒频风力发电机组主要采用的是两电平电压型双PWM变频器[165]，一个是网侧变频器，主要保证良好的输入特性，保证直流母线电压的稳定；另一个是转子侧变频器，主要给双馈异步发电机的转子提供励磁分量的电流，从而控制定子所发出的无功，并且通过控制双馈异步发电机转子转矩分量的电流控制发电机转速和定子侧的输出功率。

(6) 液压系统：主要功能是为制动（轴系制动、偏航制动）、变桨距控制、偏航控制等机构提供动力。液压系统主要包括油泵、油液过滤装置、各种控制阀、仪表、传感器等液压元件。

(7) 机舱塔筒系统：主要作用是为风力发电机组获得较高且稳定的风速，其高度由风力发电机组对应的最优风能位置所决定，同时为风轮和机舱设备提供安全可靠的支撑平台[166、167]。机舱是为风力发电机组电气和机械设备提供一个满足要求的运行工况环境，尽可能降低外部环境对各机械和电气设备运行的影响。

（8）保护系统：是风力发电机组所有保护控制逻辑及相关传感器子系统的总称，主要包括超速保护、电网失电保护、电气保护、紧急安全链 4 个部分。超速保护是当转速传感器检测到发电机或叶轮转速超过额定转速的 110%时，控制器将下达停机指令，同时另外一套独立超速保护装置将启动机械停机系统实施紧急停机；电网失电保护是由于风力发电机组离开电网的支持无法持续运行，因此当风力发电机组传感器检测到电网失电后，自动启动紧急停机控制程序；电气保护包括过电压保护、感应瞬态保护、雷击保护三个子部分；紧急安全链是独立于风力发电机组计算机主控系统的最后一级保护措施，它采用反逻辑设计，将可能对风力发电机组造成致命伤害的故障节点串联成一个回路，一旦其中一个动作，将引起紧急停机反应。

（9）偏航系统：是风力发电机组特有的伺服系统，主要有两个功能，一是使风力发电机组叶轮跟踪变化的风向；二是当风力发电机组由于偏航作用，机舱内引出的电缆发生缠绕时自动解除缠绕。偏航系统一般由偏航轴承、偏航驱动装置、偏航制动（阻尼）器、偏航位置传感器、扭缆保护装置、偏航液压系统等部分组成[168]。

（10）主控系统：是风力发电机组的核心控制系统。实时监视电网、风况、各设备的运行参数，随时在各种正常或故障情况下脱网停机，时刻确保风力发电机组安全、可靠运行，还要根据风资源变化情况，实现风力发电机组最优控制和最大发电效率。

（11）箱式变电站系统：是将经过变流器系统整流-逆变处理后的工频、低压电能，升压为满足送出效率和要求的高压电能的同时，又逆向为风力发电机组提供外来电源的设备。目前风电场主要采用美式和欧式箱式变电站。目前根据风电场现场运行环境和实际操作要求，一种“华式”箱式变电站也逐步成为应用的箱式变电站类型。

2.4 张北坝头风电场现行运维技术及 RCM 实施方案

2.4.1 张北坝头风电场设备基本情况

本书以国内早期投运的典型风电场设备为对象开展 RCM 理论及其实施方法研究，风电场选择位于河北省张家口地区的张北坝头风电场。该风电场始建于 2009 年，总装机为 20.1 万 kW，投运风力发电机组 134 台，是国内早期投运的比较典型的大规模风电场。风电场分两期建设，各期机组型号、台数及其编号见表 2-2。

表 2-2　　　　各期机组型号、台数及变化情况

项目	机组	台数	风力发电机组编号
一期	华锐 SL1500/77	33	1～33
一期	东汽 FD1500/77	34	34～66
二期	华锐 SL1500/82	33	67～77，89～99，112～122
二期	金风 1500/82	33	78～88，100～111，123～133

张北坝头风电场属于国内风电大规模建设、早期投运的项目。风电场建设时期，风力发电机组刚大规模引入国内并实现国产化，国内风力发电机组厂家还未对国外技术和国内风电运行环境进行全面的吃透和掌握，因此风力发电机组状况较不稳定，故障率高。张北坝头风电场由于风电场投运时间较早，当时国内没有成熟的大规模兆瓦级风电场设备运维管理经验，主要借鉴和使用水电、火电的运维管理模式，在设备检修维护方面主要照搬使用水电和火电的技术监督管理方法，对风力发电机组开展大规模的定期、计划检查和修理，而风电场自身运维人员对风力发电机组技术情况掌握不深，年检预试工作完全按照风机设备厂家提供的定期维护手册进行。但是因为厂家维护手册对技术也没有吃透，各设备批次差异较大，厂家维护手册的对应性很差，所以这一系列情况使得风电场针对风力发电机组的维修工作处于被动，并且使得大量人力资源投入到被动检修和定期维护工作中，导致没有更多的精力开展良好的预防性工作，风电场没有形成一套针对风力发电机组科学合理的维修方法和管理体系，风力发电机组可靠性未能出现明显改善。

2.4.2　RCM 理论实际应用中的不足

通过总结 RCM 理论在火电和核电领域实施过程，发现 RCM 理论存在以下几方面不足：

（1）RCM 理论分析更多采用的是引导方式，在开展 RCM 分析的各个关键节点，更侧重于对已发生故障的经验总结和专家个人经验的判断，这就对前期数据的收集提出了较高的要求，并且检修维护策略的制定还是受管理和人工等因素影响较大。此外，RCM 理论在设备可靠性分析过程中缺少量化指标分析，对于故障的影响及发生概率等问题也缺少有效的量化标准，使得 RCM 理论难以适应当前设备管理要求。

（2）RCM 理论未能实现一般性数据经验与特殊性经验的有效衔接，使得大量通过 RCM 理论分析得到的成果难以为特殊性分析研究提供有效支撑，导致每一次的 RCM 分析都是从头再来，造成大量的精力浪费。

（3）因为 RCM 理论出现的时代，设备状态监测的技术水平和手段还远远达不到当今水平，RCM 理论分析过程中所需的应用数据类型较少，并且受限于当时数据分析能力，在开展分析的过程中未能充分结合设备从设计到投运的全过程数据，因此需要对设备 RCM 分析的精确性进行改进。

（4）RCM 理论分析过程中，虽然通过设备功能、故障模式分析，以及故障后果分析，大大提高了 RCM 理论实施的科学逻辑性，但是对于当今日益复杂的设备种类，尤其是风电场高集成化、系统化的设备群，若按照 RCM 理论开展分析，没有科学的评价标准来区分对应设备在整个系统中的重要性程度，依然无法达到 RCM 理论所追求的设备检修维护管理目标。

2.4.3 对 RCM 理论的改进

基于上一部分对 RCM 理论在火电和核电领域使用的经验中不足之处的总结，在充分分析风电场风机设备特点的基础上，为使 RCM 理论方法更好地与风电场实际结合，并且避免 RCM 理论在火电和核电领域应用出现问题，本书主要研究对 RCM 理论及其实施方法的改进，以达到在风电场设备中推广应用的目标。根据风电场设备的结构及运维特点，结合 RCM 理论的实施要求，制订了在风电场设备实施 RCM 的基本流程，如图 2-6 所示。

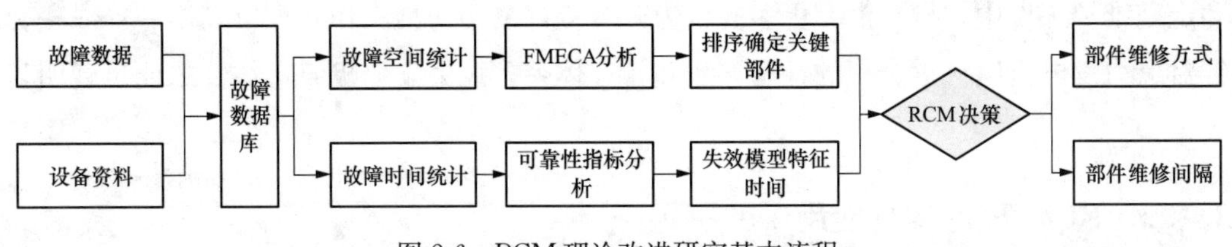

图 2-6　RCM 理论改进研究基本流程

RCM 理论改进研究基本流程主要包括以下内容：

（1）建立风电场设备故障历史数据库。收集张北坝头风电场风力发电机组和升压站设备的技术资料和可靠性资料，整理设备运行历史数据、故障记录数据，同设备投运以来的所有数据进行统计分析，建立数学模型，掌握设备故障的发展和分布趋势、规律。

（2）故障空间及时间统计分析。从空间维度进行统计分析，可以得到各部件发生故障次数的多少，这是进行设备故障模式、影响及危害度分析（FMECA）的重要依据。从时间维度进行统计分析，可以得到随着时间的推移，各部件故障次数变化情况，为可靠性指标分析提供依据。

（3）FMECA 分析，用以确定该设备是否具有影响系统整体的重要功能。由于设备一般由大量零部件组合而成，而每个零部件又具有其自身特点的故障模式及影响后果，

并且这些故障模式及影响受设备运行工况以及各零部件之间的相互关联，其最终影响后果也各不相同，有的故障可能影响设备整体安全和功能的实现，后果将产生巨大损失，而有些故障模式和后果可能只需要花费较少费用就可以恢复设备的功能，因此在开展RCM决策之前，必须对设备和零部件进行梳理，重点找到那些影响严重的重要设备进行分析决策。

（4）风力发电机组运行可靠性指标分析。发电设备可靠性指标分为宏观可靠性指标和微观可靠性指标。计算宏观可靠性指标可以表征各部件的总体基本故障情况，例如平均故障间隔时间；计算微观可靠性指标可以得到随时间的推移，各部件可靠程度的变化规律，进而确定失效率模型，为RCM决策提供定量的参考依据。

（5）RCM决策，确定部件维护维修方式及时间间隔。对于重要功能设备，按照它的失效率模型及故障特征数据，参考费用数据，使用RCM逻辑决断图实施决策，确定预防性维修工作内容与间隔。

2.5 本章小结

本章针对RCM理论进行系统分析和研究，同时对风力发电机组结构以及主要系统的功能进行分析和梳理，针对过往RCM理论应用实践中的不足，提出了对RCM理论应用的方法补充，研究成果概括如下：

（1）对RCM理论基本思想、分析方法和实施流程进行了研究，重点分析了当前6种设备失效模式，并对各种失效模型曲线的形成过程进行了研究，为下一步对应风力发电机组相关设备和系统打下了基础。

（2）对风力发电机组特点进行了详细介绍，根据风力发电机组设备功能特点进行了系统划分，将系统划分的成果直接应用到本书研究实施的风电场中的风力发电机组，并对实际研究对象的设备基本参数进行了梳理，为RCM在风力发电机组中的应用提供了设备基础条件。

（3）通过分析RCM理论在传统发电领域应用存在的问题，结合风力发电机组实际特点，制定了RCM理论在风力发电机组实施的具体流程，确定了以国内具有代表性的大规模风电场（张北坝头风电场）为对象开展的风电设备RCM实施技术研究，对张北坝头风电场的设备及其投运情况进行了详细介绍。

3 风力发电机组 FMECA 分析模型

3.1 概　　述

在风电场运行过程中，风力发电机组各类运行数据不断积累，其中包含了反映设备运行状态的重要信息，尤其是监控数据、监测数据和故障处理数据，这些数据的应用对判断分析风力发电机组各种故障模式有很大帮助。按照风力发电机组各子系统和部件的功能进行分类，通过对故障处理数据的统计分析，确定各子系统和部件的典型故障类型、故障发生机理和发展模式，找到风力发电机组各子系统和关键部件的故障平均间隔时间；建立各子系统和关键部件的故障类型、故障次数、故障模式和故障严重度的关联性，为风力发电机组维修决策提供依据和技术支持。本章对张北坝头风电场投运以来的风力发电机组实际运维数据和故障数据实施全面统计分析研究，确定风力发电机组各子系统及其部件的故障数学统计特征，为进一步开展 FMECA 分析提供数据资料。

FMEA（故障模式及影响分析）是对设备进行失效分析的工具之一，是由可靠性工程师在 1950 年研究火箭系统故障时建立和发展的。FMEA 通常是可靠性分析的第一步，用它来识别设备中的各子系统、部件的各种失效模式及影响。FMECA 是在 FMEA 的基础上更进一步分析失效影响的关键性，为评价和改进设备可靠性提供基础信息。因此本章通过对风力发电机组开展 FMEA 分析和 CA 分析研究，并且在风力发电机组 CA 分析过程中，在传统矩阵法的分析评价基础上，提出了基于灰色理论的 CA 评价模型并予以验证，针对 FMECA 分析的优化应用情况进行了说明，为后续各章的研究内容提供有关风力发电机组各子系统及关键部件故障模式影响分析和危害度分析结果的信息。

3.2 风力发电机组故障数据分析

3.2.1 故障数据的收集

通过对风力发电机组故障数据的统计分析，可以掌握风力发电机组的基本故障规

律。根据本书确定的研究思路，可以从空间及时间两个维度进行故障统计分析。所谓空间维度统计分析，是指对风力发电机组中各个子系统发生故障占总故障的比值进行分析，又名巴雷托法，可以得到各子系统发生故障次数的多少，找出故障频发的部件，找出造成长停机总时间的故障模式，是进行 FMECA 分析的重要依据。所谓时间维度统计分析，是指分析各部件故障次数、故障停机总时间等故障指标随时间的变化趋势，为可靠性指标分析提供依据。

故障数据是统计分析、FMECA 分析以及可靠性分析的基础，该数据通常被不规范地记录于故障处理操作票中，这样的数据形式非常不便于数据的处理分析，为后续的统计分析工作带来极大的挑战。根据风电场实际故障数据的特点，建立故障数据库。张北坝头风电场 134 台风力发电机组设备自 2010 年投运以来产生了大量故障数据，对这些散落于操作表中的故障数据进行规范整理，并录入到所建立的数据库中，为后续开展风电设备故障模式及寿命分析提供了比较完备的数据样本。

3.2.2 故障数据统计

对张北坝头风电场故障数据（故障记录 140 份＋操作票数据 5736 条）进行规范化预处理，去除无效故障数据，并录入到故障数据库系统中，为各项分析提供更加强大的数据支撑。

下面分别对张北坝头风电场各风力发电机组子系统的故障发生次数及故障停机总时间进行统计分析。

1. 风力发电机组各子系统故障次数情况

风力发电机组各子系统故障次数情况如图 3-1 所示。

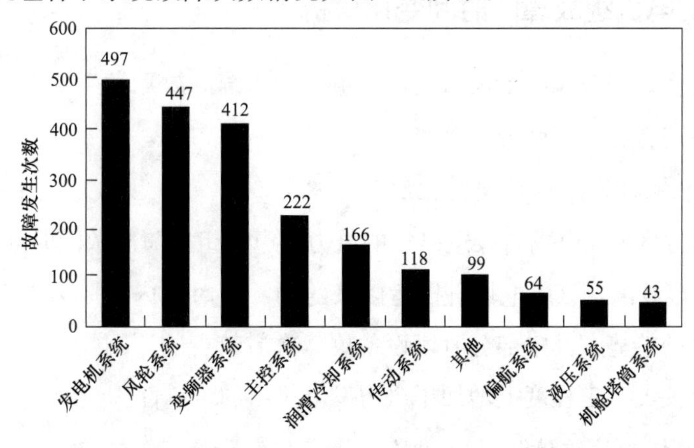

图 3-1 风力发电机组各子系统故障次数情况

从图 3-1 可以看出，风力发电机组发电机系统在统计期内发生的故障次数最多，风轮系统和变频器系统故障次数紧随其后，机舱塔筒系统统计期内出现故障次数最小。由此可以确定，该风场的机组设备中，发电机系统、风轮系统、变频器系统是影响风力发电机组发电能力的主要系统，应该重视、加强对这些子系统的日常运行维护。

2. 风力发电机组各子系统故障停机总时间统计情况

风力发电机组各系统故障停机总时间分布情况如图 3-2 所示。

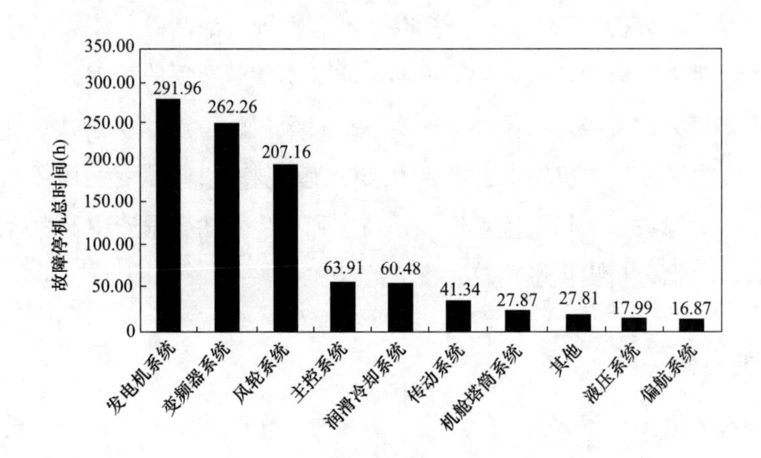

图 3-2　风力发电机组各系统故障停机总时间分布情况

从图 3-2 可以看出，发电机系统、变频器系统、风轮系统故障引起的总停机时间最长，说明发电机系统、变频器系统、风轮系统的可靠性直接影响到整个风力发电机组的发电可靠性。

3.2.3　风力发电机组故障随时间变化分析

下面分别对张北坝头风电场风力发电机组各子系统的故障发生次数及故障停机总时间随时间变化的趋势进行统计分析。

1. 风力发电机组故障随时间变化统计情况

图 3-3 所示为整个风电场自投运以来的风力发电机组故障次数随时间变化情况。

从图 3-3 可以看出，该风电场自投运以来的约 6 年时间内，风力发电机组的故障次数整体呈现上升的趋势。其中部分时段设备故障次数较少的原因与设备在相应时段开展定期维护工作有关，一定程度上增加了风力发电机组的可靠性。

2. 风力发电机组故障停机总时间随时间变化统计情况

风力发电机组故障停机总时间随时间变化情况如图 3-4 所示。

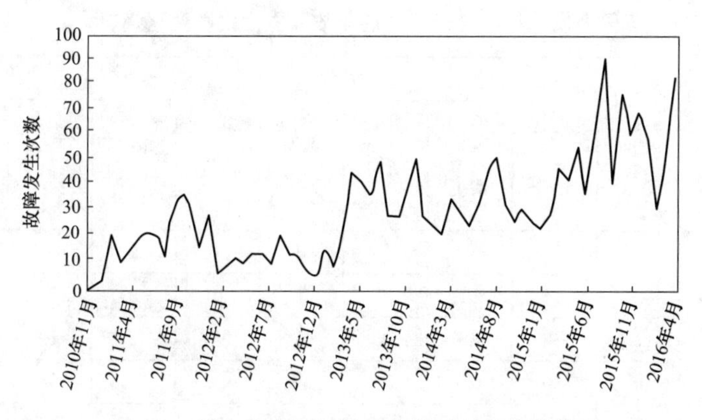

图 3-3 风力发电机组故障次数随时间变化情况

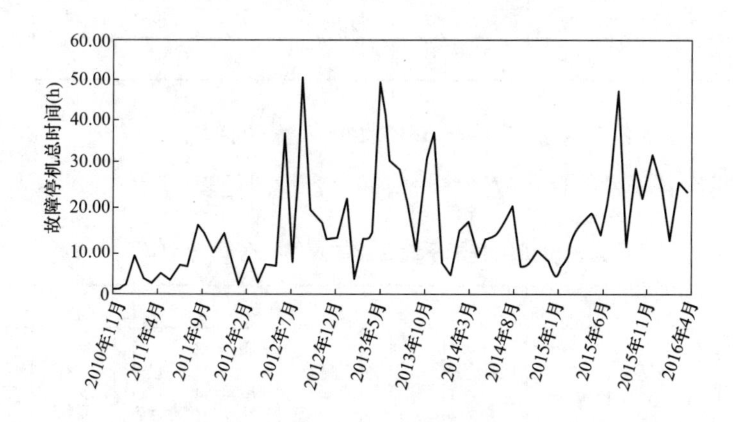

图 3-4 风力发电机组故障停机总时间随时间变化情况

从图 3-4 可以看出，统计期内，风力发电机组在对应小风时段（6～8 月）和大风时段（11 月～次年 1 月）的故障停机时间明显高于其他时段，风力发电机组在低负荷和高负荷时的可靠性较差，说明风力发电机组可靠性与设备运行极端工况有明显对应关系。

3.2.4 风力发电机组各子系统逐年故障情况分析

1. 风力发电机组各子系统逐年故障发生次数变化情况

风力发电机组各子系统逐年故障发生次数变化情况见表 3-1。从表 3-1 中的数据可以看出，发电机系统、风轮系统、变频器系统故障发生次数最多，而且各系统的故障次数整体随投运时间的增长而增加，其中故障发生次数最多的是发电机系统、风轮系统、变频器系统，故障次数随时间的变化出现一定波动性，这主要与设备生产批次和其中关键部件的更换批次有关。

表 3-1　　风力发电机组各子系统逐年故障发生次数变化情况

故障发生年份	故障系统										
	变频器系统	传动系统	发电机系统	风轮系统	机舱塔筒系统	偏航系统	润滑冷却系统	液压系统	主控系统	其他	总计
2010	1	0	0	0	0	0	1	2	1	0	5
2011	32	42	84	51	11	4	10	9	22	14	279
2012	36	5	32	36	4	4	5	2	19	5	148
2013	80	16	80	117	21	11	36	12	38	5	416
2014	76	16	84	98	7	6	19	8	57	27	398
2015	132	30	163	106	0	36	79	16	62	25	649
2016	55	9	54	39	0	3	16	6	23	23	228
总计	412	118	497	447	43	64	166	55	222	99	2123

2. 风力发电机组各子系统逐年故障停机时间统计情况

风力发电机组各子系统逐年故障停机时间统计情况见表 3-2。

表 3-2　　风力发电机组各子系统逐年故障停机时间统计情况　　h

故障发生年份	故障系统										
	变频器系统	传动系统	发电机系统	风轮系统	机舱塔筒系统	偏航系统	润滑冷却系统	液压系统	主控系统	其他	总计
2010	1.00	0	0	0	0	0	0.28	0.38	1.03	0	2.69
2011	14.18	10.55	36.53	14.23	8.49	0.47	2.49	0.93	3.30	3.05	94.22
2012	52.44	2.81	57.74	47.69	5.21	0.93	6.31	0.16	5.34	5.47	184.10
2013	75.02	4.45	57.05	71.72	11.70	5.46	22.43	7.49	15.34	1.13	271.80
2014	24.79	3.64	44.68	34.86	2.47	1.29	4.85	5.34	11.41	4.13	137.46
2015	68.09	16.01	70.54	27.08	0	8.35	20.76	2.56	20.46	6.56	240.42
2016	26.74	3.88	25.41	11.57	0	0.36	3.35	1.13	7.02	7.47	86.94
总计	262.3	41.34	292	207.2	27.87	16.87	60.48	17.99	63.91	27.8	1017.6

从表 3-2 可以看出，发电机系统、风轮系统、变频器系统的故障引起的总停机时间最长，这与表 3-1 的数据结果相对应。每年因故障次数的增加，停机时间也有所增加。

通过以上风力发电机组发生的故障数据统计分析结果可以看出，发电机系统、风轮系统、变频器系统等子系统的运行可靠性是影响整个风电场设备运行维护的关键，对于风力发电机组维护检修决策起到了重要作用。因为这些关键子系统的故障所造成的风力

发电机组停机概率和检修维护时间要远高于其他系统，所以有针对性地改善这些子系统的运行可靠性，将直接影响整个风力发电机组的运行可靠性，通过这些数据可快速找到影响风力发电机组可靠性最关键的系统。

3.3 风力发电机组故障模式、影响及危害度分析

3.3.1 FMECA 基本概念

FMECA 是针对风力发电机组各子系统及部件开展分析，具体研究其所有可能的故障模式及对应可能产生的影响，并按每个故障模式产生影响的严重程度及发生概率予以分类的一种归纳分析方法。

FMECA 是 RCM 的重要内容，是开展设备故障危害度分析、重要度分析、可靠度分析以及后续设备安全状态、维修决策的重要基础。FMECA 对于全面掌握风电场设备的运行可靠性非常重要，是在运转过程中一项事实发生前进行的分析工作，而不是出现失败和问题后的整改和补救方法。工程人员从设备设计阶段开始，持续跟踪设备安装阶段，以及尽可能长的运行阶段，通过对设备全面而严密的分析判断，即对设备系统存在潜在故障的可能性以及会造成的后果影响进行分析判断，并且将分析判断结果不断反馈，从而使设备系统从设计至运行的全过程得到改进，并通过不断的分析、预估、校验及整改，使整个设备系统逐步朝向最佳状态发展的目标[169-171]。

3.3.2 风力发电机组实施 FMECA 的流程设计

风力发电机组进行 FMECA 分析的目的是找出风电场设备所有可能的故障模式、原因及影响，对风力发电机组各个组成部分（子系统或部件）的故障后果的严重度进行分析和排序，确定对运行维护和检修影响最大的部件，这样可以有目的地制定运行维护和检修策略，提高风力发电机组使用可靠性。此外通过 FMECA 分析可以发现风力发电机组的薄弱环节，提出设计改进和使用补偿措施；根据风力发电机组每个部件的故障模式，对各种可能的导致该部件故障模式的原因及其影响进行分析。

FMECA 分析的基本任务是：①系统定义，按照风力发电机组结构特点、功能关联特点先初步划分为各单元子系统，再根据单元子系统开展针对部件的故障分析；②划分好的单元制定统一的编码体系，方便掌握各设备系统间的关系；③确定风力发电机组故障判据；④确定风力发电机组故障的严重等级；⑤确定风力发电机组故障的概率等级；⑥确定风力发电机组各子系统及部件的故障模式；⑦分析引发风力发电机组子系统及部

件故障的具体和深层原因；⑧根据引发各子系统及部件故障的各种原因，以及造成故障原因和特定的故障条件，为故障处理决策提供依据[172]。

1. 系统定义

开展系统定义工作的目的是：帮助设备分析人员对风力发电机组各子系统及部件出现的故障模式、原因、影响开展有针对性的分析和研究。系统定义主要包括两部分工作，即设备功能分析和绘制框图（功能框图、任务可靠性框图）。

功能框图用于描述设备的功能。它不同于设备的原理图、结构图、信号流图，是用以表示风力发电机组各子系统间的相互关系或是各自实现的功能目标，同时展示各子系统内各部件约定层级之间的功能逻辑关系的模型。根据第 2 章风力发电机组设备特点分析结果，将风力发电机组按照功能划分为 11 个子系统：风轮系统、变桨系统、传动系统、发电机系统、变频器系统、主控系统、液压系统、偏航系统、机舱塔筒系统、保护系统、箱式变电站系统。分别对这些子系统进行 FMEA 分析，每个子系统承担各自的主要功能，各个子系统之间也具有相互关联功能。例如风轮系统将机械转矩输出给传动系统、变桨系统通过输出转矩改变风轮系统的风能吸收特性等。风力发电机组系统及功能关系如图 3-5 所示。

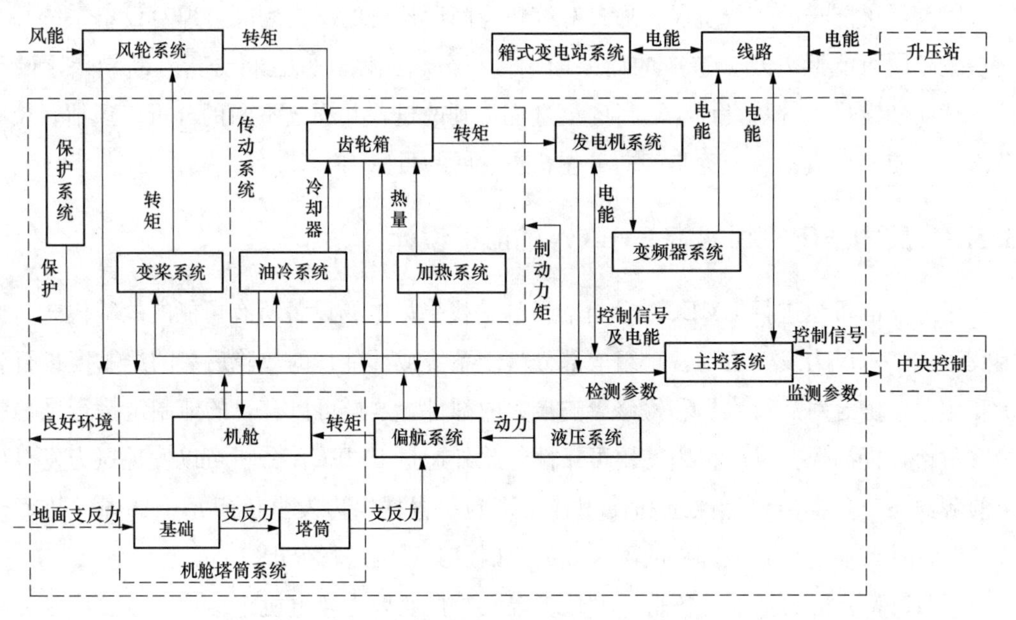

图 3-5　风力发电机组系统及功能关系图

可靠性框图的作用是明确风力发电机组整体可靠性与各子系统和部件可靠性之间的逻辑关系。图 3-6 所示为风力发电机组各子系统间的可靠性框图，它不反映风力发电机组各子系统间的功能关系，而是表示各子系统故障影响的逻辑关系。

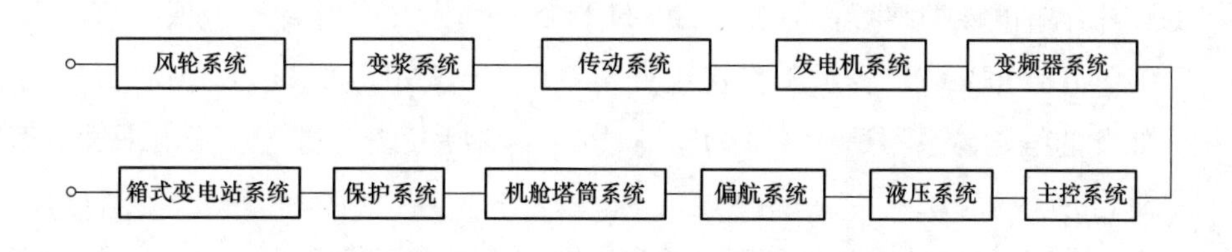

图 3-6 风电场风力发电机组各子系统间的可靠性框图

2. 定义约定层次

在对风力发电机组实施 FMECA 时，应按风力发电机组的结构层次关系来定义约定层次。在进行层次划分时，根据风力发电机组的结构和功能特点，考虑以下因素：

(1) 在 FMECA 中的划分约定层次为“初始约定层次”“约定层次”和“最低约定层次”。例如，如果以“风力发电机组”为“初始约定层次”，则其“第二约定层次”为“风轮系统”，“第三约定层次”为“叶片”，如果只分析到叶片，则叶片所在层次即为“最低约定层次”。

(2) 如果风力发电机组中使用了具有优良可靠性部件（得到认可的），其约定层次划分可考虑简洁明了；反之，则多而细。

(3) 在确定最低约定层次时，可参照维修级别上的设备层次（如维修时可直接更换的部件）。

(4) 应定义好各约定层次对应的设备功能，当约定层次的级数较多（一般大于 3 级）时，应从下至上按约定层次的级别不断分析，直至初始约定层次相邻的下一个层次为止，进而形成完整风力发电机组的 FMECA。

3. 设备编码体系

为了详细统计、分析、查找风力发电机组每个子系统及部件的故障模式，根据风力发电机组各层级划分，参考风力发电机组设计过程形成的编码体系（KKS 编码），对风力发电机组整机和各个子系统和部件层次制定编码，形成风力发电机组的 FMECA 编码体系。所制定的风力发电机组编码体系中考虑的因素是：编码体系应符合风力发电机组各子系统及部件功能及结构层次的上、下级关系；能体现约定层次的上、下级关系；对风力发电机组各组成部分应具有唯一、简明和适用等特性。所形成的 FMECA 编码体系与 KKS 编码体系有如下区别：

(1) 风力发电机组 KKS 编码的作用是区分每一个零部件，即使是同种的零部件，也会有不同的 KKS 编码。FMECA 中的编码体系作用是区分不同种类的零部件，即同种零部件有相同的设备编码。例如同一机组内：010MDA01BG001 表示叶片，010MDA01HB001 表示 1 号叶片，010MDA01HB002 表示 2 号叶片，010MDA01HB001-

F 表示 1 号叶片雷电保护装置，010MDA01HB002-F 表示 2 号叶片雷电保护装置；不同机组间：010MDB01BE002 表示 1 号机组变桨系统，010MDB02BE002 表示 2 号机组变桨系统。如此的编码体系不适用于 FMECA 分析。解决办法：建立一张由 KKS 编码到 FMECA 编码的映射表。

（2）KKS 编码段的长度几乎相同，且只反映设备与最近上层的一、二层层次关系，不便于查找底层零部件在各层次级别上的所属。同时，KKS 编码倾向于更宏观层面上的设备分类，该分类不适用于风力发电机组各级零部件间的分类。例如，同样是包含 MDK 的编码，却代表着截然不同的层次关系，“010MDK01BC001”代表齿轮箱及附件，“010MDK01BC002”却代表齿轮箱，“010MDK01HA001”又代表 1 号风机单元，同时“010MDK01BA001”代表机舱，“010MDK01BU001”代表机舱罩壳，从这些例子中可以看出，各部件之间的层级关系在 KKS 编码体系中体现得不是十分明确。

（3）为了便于检索查询和使用，FMECA 编码还包括故障模式、故障原因、处理办法等编码，为了保证 FMECA 编码体系中各编码格式的统一性，应当对设备进行重新编码。

根据张北坝头风电场风力发电机组实际情况编制了功能定义及编码列表，见表 3-3。

表 3-3　张北坝头风电场部件列表及部件功能列表

系统代码	系统	部件代码	部件	功能
01	风轮系统	0100	风轮系统	捕捉风能
		0101	轮毂	连接支撑叶片
		0102	叶片	捕获风能形成力矩
		0103	变桨电机	提供变桨驱动动力
		0104	变桨齿轮	减速并传递变桨驱动动力
		0105	变桨轴承	配合实现变桨支撑
		0106	连接法兰	安装固定风轮安装固定变桨装置
		0107	风轮系统润滑	润滑冷却
		0108	变桨齿轮箱	减速并传递变桨驱动动力
02	变桨系统	0200	变桨系统	功率调节和气动刹车
		0201	变桨控制柜	与主控通信并控制变桨
		0202	变桨编码器	测量风机桨距角
		0203	变桨限位开关	防止变桨超过范围
		0204	变桨滑环	转接信号及电能
		0205	半月板	传输数据信号

续表

系统代码	系统	部件代码	部件	功能
03	传动系统	0300	齿轮箱	改变转速转矩
		0301	齿轮箱齿轮	传递扭矩改变增速比
		0302	齿轮箱轴承	固定和支撑旋转体
		0303	齿轮箱传动轴	传动
		0304	齿轮箱润滑油	冷却润滑
		0305	齿轮箱箱体	保护齿轮箱内部零件
		0306	齿轮箱空气滤清器	通气过滤
		0307	油冷装置	提供润滑并冷却润滑
		0308	传动系统传感器	检测实际状态
		0309	主轴	传递转矩
		0310	制动器	提供制动力矩
		0311	制动器制动钳	提供制动力矩
		0312	制动器刹车片	与摩擦片配合制动
		0313	制动器闸瓦	配合制动
		0314	制动器衬垫	配合安装
		0315	制动器密封圈	密封
04	发电机系统	0400	发电机系统	完成机械能到电能的转换
		0401	发电机	转化机械能为电能
05	变频器系统	0501	变频器	实现交流控制并保证机组恒频电能输出
		0502	变频器水冷	冷却变频器
06	主控系统	0600	主控系统	控制机组完成发电任务
		0601	网侧接触器	接通网侧
		0602	定子接触器	接通定子
		0603	UPS	提供电源
07	液压系统	0701	液压站油泵	为制动器供油
08	偏航系统	0800	偏航系统	改变机舱角度
		0801	偏航驱动电机	提供偏航动力
		0802	偏航驱动齿轮	减速并传递偏航动力
		0803	偏航驱动润滑油	润滑冷却
		0804	偏航轴承大齿圈	传递偏航扭矩
		0805	偏航轴承	配合实现偏航支撑
		0806	偏航控制定位	偏航定位准确对风

续表

系统代码	系统	部件代码	部件	功能
08	偏航系统	0807	偏航控制限位开关	限制偏航保护电缆
		0808	偏航变频器	改变电流频率
		0809	偏航制动器	提供制动力矩
		0810	偏航其他滑垫	偏航驱动与齿圈紧配合
09	机舱塔筒系统	0901	机舱	提供良好环境
		0902	塔筒	支撑机舱
10	保护系统	1000	防雷模块	防雷避闪
		1001	保险	保护电路
		1002	设备接地	使设备可靠接地，保护设备
11	箱式变电站系统	1101	箱式变电站	改变电压

3.3.3 建立风力发电机组的 FMECA 表

在对风力发电机组设备进行层次划分和编码之后，开始实施 FMECA。为了反映风力发电机组设备故障模式的一般性和特殊性，便于风电场运维技术人员实施 FMECA 分析，在标准 FMECA 表格基础上，设计了如表 3-4 所示的风力发电机组设备 FMECA 表。

表 3-4　　风力发电机组设备 FMECA 表

<table>
<tr><td colspan="4">初始约定层次</td><td colspan="4"></td><td></td><td colspan="2">审核</td><td></td><td colspan="3">第　页·共　页</td><td colspan="4"></td></tr>
<tr><td colspan="4">约定层次</td><td></td><td colspan="2">分析人员</td><td></td><td></td><td colspan="2">批准</td><td></td><td colspan="3">填表日</td><td colspan="4"></td></tr>
<tr><td rowspan="2">代码</td><td rowspan="2">部件</td><td rowspan="2">功能</td><td rowspan="2">故障模式</td><td rowspan="2">故障模式概率等级</td><td rowspan="2">故障模式严重等级</td><td rowspan="2">×××风场故障模式概率等级</td><td rowspan="2">×××风场故障模式严重等级</td><td rowspan="2">故障模式危害度</td><td rowspan="2">故障原因</td><td rowspan="2">故障原因概率等级</td><td rowspan="2">故障原因严重等级</td><td rowspan="2">×××风场故障原因概率等级</td><td rowspan="2">×××风场故障原因严重等级</td><td rowspan="2">故障原因危害度</td><td colspan="3">故障影响</td><td rowspan="2">对策措施</td></tr>
<tr><td>局部</td><td>高一层</td><td>最终</td></tr>
<tr><td></td><td></td><td></td><td></td><td></td><td></td><td></td><td></td><td></td><td></td><td></td><td></td><td></td><td></td><td></td><td></td><td></td><td></td><td></td></tr>
</table>

所设计的风力发电机组 FMECA 表（见表 3-4）中除了表头部分，共有 17 个栏目，各栏目含义说明如下：

（1）代码：对每个风力发电机组采用一种编码体系进行标识；

（2）部件：记录被分析风力发电机组或功能的名称与标识；

（3）功能：简要描述风电场设备所具有的主要功能；

（4）故障模式：根据故障模式分析的结果，依次填写每个风电场设备的所有故障模式；

（5）故障模式概率等级：故障模式发生的概率等级；

（6）故障模式严重等级：故障模式发生后，影响的严重度等级；

（7）×××风场故障模式概率等级：×××风电场故障模式对应的概率等级；

（8）×××风场故障模式严重等级：×××风电场故障模式对应的严重等级；

（9）故障模式危害度：×××风电场的故障模式综合概率及严重等级后总体的危害程度；

（10）故障原因：根据故障原因分析结果，依次填写每个故障模式的所有故障原因；

（11）故障原因概率等级：故障原因对应的概率等级；

（12）故障原因严重等级：故障原因发生后，影响的严重度等级；

（13）×××风场故障原因概率等级：×××风电场的故障原因对应的概率等级；

（14）×××风场故障原因严重等级：×××风电场的故障原因对应的严重等级；

（15）故障原因危害度：×××风电场的故障原因综合概率及严重等级后总体的危害程度；

（16）故障影响：根据故障影响分析的结果，依次将每一个故障模式的局部、高一层次和最终影响并分别填入对应栏；

（17）对策措施：根据故障影响、故障检测等分析结果依次填写设计改进与使用补偿措施。

FMECA 表填写方式如下：

1. 定义故障判据

对设备做出故障判断的依据：

（1）风力发电机组各子系统或部件在规定的条件下和规定时间内，不能完成规定的功能；

（2）风力发电机组各子系统或部件在规定的条件下和规定时间内，相关性能指标不能保持在规定的范围内；

（3）风力发电机组各子系统或部件在规定的条件下和规定时间内，引起对人员、环境、能源和物资等方面的影响超出了允许范围；

（4）技术协议或其他文件规定的故障判据。

故障判断的原则：故障判据是判别风力发电机组故障的标准。其是由风力发电机组制造厂家和风电企业一同依据风力发电机组的功能、性能指标、使用环境等允许极限因素进行确定的。

故障判断：对设备的组成、功能及技术要求和进行FMECA工作的目的等有清晰的理解，进而针对特定设备准确地给出故障判据的具体内容。

根据所划分的系统及其功能，确定每个部件的故障模式，包括理论上可能的故障模式以及实际运行中发生的故障模式。表3-5所示为传动系统各部件的故障模式。

表3-5　风力发电机组传动系统各部件故障模式

代码	部件	功能	故障模式
03-00	齿轮箱	改变转速转矩	齿轮箱故障
03-01	齿轮箱齿轮	传递扭矩改变增速比	轮齿折断（剪断）
			裂纹
			齿面疲劳点蚀片蚀剥落表层压碎
			永久变形压痕塑变起脊飞边
			胶合
			齿面耗损磨损腐蚀过热侵蚀电蚀
03-02	齿轮箱轴承	固定和支撑旋转体	保持架变形
			开裂和断裂
			滚珠脱落
			表面损伤点蚀腐蚀片状剥落压痕等
			润滑不良
			过热
			噪声
			轴承PT100传感器异常
03-03	齿轮箱传动轴	传动	主轴断裂
			高速轴损坏
			空心轴变形
			空心轴晃动
03-04	齿轮箱润滑油	冷却润滑	油温过高
			油位过低
			油压过低
			漏油
			油质不良
03-05	齿轮箱箱体	保护齿轮箱内部零件	箱体开裂
			底座损坏
			螺栓断裂
			连接螺栓松动

续表

代码	部件	功能	故障模式
03-06	齿轮箱空气滤清器	通气过滤	滤芯损坏
			空气滤清器故障
03-07	油冷装置	提供润滑并冷却润滑油	油泵电机故障
			声音异常
			油压低
			齿轮箱泵无压力
			泵低速运行断路器异常
			泵高速运行电流接触器异常
			泵低速运行电流接触器异常
			泵高速运行时断路器异常
			油泵热继电器跳开
			油压传感器故障
			油泵电机联轴节损坏
			过滤器损坏
			油管路故障
			加热器故障
			散热器风扇故障
			冷却润滑系统故障
03-08	传动系统传感器	检测实际状态	传感器故障
03-09	主轴	传递转矩	主轴轴承温度高
03-10	制动器	提供制动力矩	制动系统故障
			刹车垫距离大于 2mm
03-11	制动器制动钳	提供制动力矩	不能抬起
			制动钳动作过慢
			制动时间距离过长制动力矩不足
03-12	制动器刹车片	与摩擦片配合制动	磨损研伤
			损坏
03-13	制动器闸瓦	配合制动	闸瓦磨损
03-14	制动器衬垫	配合安装	衬垫磨损
03-15	制动器密封圈	密封	损坏

2. 定义风力发电机组严重度类别

故障严重度分析的目的是：找出风力发电机组各子系统及部件的所有可能的故障模式，以对应故障模式所产生的所有影响，并对其严重程度进行分析。每个故障模式的影响一般分为三级：局部影响、高一层次影响和最终影响。各级定义见表3-6。

表3-6　按约定层次划分故障影响的类别及定义

影响类别	定义
局部	风力发电机组的故障模式对自身及所在约定层次设备的使用、功能或状态的影响
高一层次	风力发电机组的故障模式对自身所在约定层次的紧邻上一层次设备的使用、功能或状态的影响
最终	风力发电机组的故障模式对初始约定层次设备的使用、功能或状态的影响

故障影响的严重度类别应按每个故障模式的最终影响的严重程度进行确定。

进行故障影响分析的标准如下：

（1）切实掌握风力发电机组三级故障影响的定义；

（2）不同层级之间发生的故障模式和影响相互之间存在一定逻辑关系，即风力发电机组低层次的故障模式造成的影响可能是下一级层次设备故障模式的原因，由此可以分析和判断不同层次之间的逻辑关系；

（3）针对采用了冗余配置和故障保护等措施的子系统和部件，在开展FMECA分析的过程中不考虑这些措施，而是直接分析这些子系统和部件的故障后果影响，以此来确定其故障的严重等级。

在进行故障影响分析之前，应对风力发电机组各子系统和部件的故障模式的严重度类别（或等级）进行详细定义。本书是根据风力发电机组各故障模式最终可能出现的人身伤害、风力发电机组损坏程度（或经济损失）和环境损害等方面的影响程度进行确定的。根据风力发电机组自身的结构及运行特点，定义各子系统及部件的严重度类别，见表3-7。

表3-7　风力发电机组故障严重度类别及定义（量化指标：安全/成本/时间）

严重度类别	严重程度定义	说明
一级 （灾难的）	风力发电机组严重损坏造成不可估量，大于10%机组成本的经济损失	机组长时间停机的电量损失及机组昂贵部件损毁所带来的维修成本总和
二级 （致命的）	系统严重损坏不能正常工作，造成重大的、大于3%且小于10%机组成本经济损失	机组停机15天（折合270h）的电量损失及维修大部件成本总和
三级 （严重的）	机组需要长时间停机维修，造成大于0.5%且小于3%机组成本经济损失	机组停机7天（折合126h）的电量损失及维修中等部件成本总和
四级 （临界的）	机组需要短时间停机维修，造成大于0.125%且小于0.5%机组成本经济损失	机组停机2天（折合36h）的电量损失及维修小部件成本总和
五级 （轻度的）	机组可运行，但性能下降，需要尽早安排维护或修理，造成0.125%机组成本以下的经济损失	机组降至半负荷运行两天（折合36h）的经济损失

以张北坝头风电场风力发电机组传动系统故障模式为例，风力发电机组传动系统故障影响及严重度等级见表 3-8。

表 3-8　　风力发电机组传动系统故障影响及严重等级

<table>
<tr><th rowspan="2">故障模式</th><th rowspan="2">严重度等级</th><th colspan="3">故障模式影响</th></tr>
<tr><th>局部（部件）</th><th>上层（系统）</th><th>最终（机组）</th></tr>
<tr><td>齿轮箱故障</td><td>三级</td><td rowspan="2">齿轮箱可靠性降低</td><td rowspan="2">齿轮箱系统可靠性降低</td><td rowspan="2">机组可靠性降低</td></tr>
<tr><td>轴承过热</td><td>四级</td></tr>
<tr><td>油温过高</td><td>四级</td><td>润滑油黏度下降，老化变质加快</td><td>齿轮箱润滑不足，部件发热加速磨损</td><td>影响机组运行</td></tr>
<tr><td>油位过低</td><td>三级</td><td>油不足或油脂不正常</td><td>齿轮箱润滑效果不理想</td><td>影响机组运行</td></tr>
<tr><td>油压低</td><td>三级</td><td>润滑不良</td><td>工作异常</td><td>工作异常</td></tr>
<tr><td>齿轮箱泵无压力</td><td>三级</td><td>齿轮箱内发热部件润滑不足磨损加剧</td><td>轴承高温报警或振动加大</td><td>机组控制中心报警</td></tr>
<tr><td>泵低速运行断路器异常</td><td>三级</td><td rowspan="5">各器件工作异常</td><td rowspan="5">齿轮箱工作异常
可靠性降低</td><td rowspan="5">机组工作异常
可靠性降低</td></tr>
<tr><td>泵低速运行电流接触器异常</td><td>三级</td></tr>
<tr><td>泵高速运行时断路器异常</td><td>三级</td></tr>
<tr><td>油泵热继电器跳开</td><td>三级</td></tr>
<tr><td>油压传感器故障</td><td>四级</td></tr>
<tr><td>油管路故障</td><td>三级</td><td>管路故障</td><td>影响润滑效果</td><td>机组短时间内不明显</td></tr>
<tr><td>冷却润滑系统故障</td><td>三级</td><td>润滑油不能降温</td><td>部件润滑冷却受影响</td><td>可导致高温报警</td></tr>
<tr><td>主轴轴承温度高</td><td>五级</td><td>温度高</td><td>可靠性降低</td><td>可靠性降低</td></tr>
<tr><td>制动系统故障</td><td>三级</td><td>制动系统故障</td><td>制动系统失效</td><td>机组不能完成制动</td></tr>
<tr><td>刹车垫距离大于 2mm</td><td>三级</td><td>制动泵工作异常</td><td>制动系统异常</td><td>机组制动异常</td></tr>
</table>

3. 定义故障概率等级

在进行故障影响分析之前，应对故障模式发生的概率等级进行定义。根据张北坝头风电场风力发电机组实际发生故障概率分布，对风力发电机组各故障模式对应的概率等级定义见表 3-9。

表 3-9　　风力发电机组的故障概率等级及定义

概率等级	定　义
A级（经常）	统计所有样本，单位时间（天）单位样本（个）发生故障的次数大于0.001
B级（有时）	统计所有样本，单位时间（天）单位样本（个）发生故障的次数大于0.000 1且小于0.001
C级（偶尔）	统计所有样本，单位时间（天）单位样本（个）发生故障的次数大于0.000 01且小于0.000 1
D级（不经常）	统计所有样本，单位时间（天）单位样本（个）发生故障的次数大于0.000 001且小于0.000 01
E级（几乎不）	统计所有样本，单位时间（天）单位样本（个）发生故障的次数小于0.000 001

根据张北坝头风电场风力发电机组历史故障信息，计算各系统及部件的故障模式发生概率。按照表3-9的概率等级及定义对计算所得各故障模式发生概率进行等级划分，以张北坝头风电场风力发电机组传动系统各部件为例，列出传动系统各部件故障模式发生概率及其等级划分情况见表3-10。

表 3-10　　张北坝头风电场风力发电机组传动系统各故障模式发生概率及等级

故障模式	发生次数	发生概率	发生概率等级	严重度等级
齿轮箱故障	7	0.000 030 1	C级	三级
轴承过热	2	0.000 008 6	D类	四级
油温过高	137	0.000 589 7	B级	四级
油位过低	25	0.000 107 6	B级	三级
油压低	3	0.000 012 9	C级	三级
齿轮箱泵无压力	4	0.000 017 2	C级	三级
泵低速运行断路器异常	1	0.000 004 3	D级	三级
泵低速运行电流接触器异常	1	0.000 004 3	D级	三级
泵高速运行时断路器异常	4	0.000 017 2	C级	三级
油泵热继电器跳开	1	0.000 004 3	D级	三级
油压传感器故障	1	0.000 004 3	D级	四级
油管路故障	3	0.000 012 9	D级	三级
冷却润滑系统故障	6	0.000 025 8	C级	三级
主轴轴承温度高	1	0.000 004 3	D级	五级
制动系统故障	9	0.000 038 7	C级	三级
刹车垫距离大于2mm	23	0.000 099 0	C级	三级

4. 故障模式分析

故障模式分析的目的是找出风力发电机组所有可能出现的故障模式，其主要内容有：

（1）根据风力发电机组的特征，确定其所有可能的故障模式（如润滑油油温高低、油位高低、油压高低等），进而对每个故障模式进行分析。

（2）故障模式的获取方法：在进行 FMECA 时，一般可以通过统计、试验、分析、预测方法获取风力发电机组的故障模式。对现有风力发电机组各子系统及部件以过去的运行中所发生的故障模式为基础，再根据该运行工况的异同进行分析和修正，进而得到各子系统和部件的故障模式[173、174]；对新的子系统及部件可根据对应功能原理和结构特点进行分析、预测，进而得到该子系统及部件的故障模式，或以与该子系统及部件具有相似功能和相似结构的风力发电机组所发生的故障模式作为基础，分析判断该风力发电机组各子系统及部件的故障模式。

（3）常用系统部件的故障模式可从国内外某些标准、手册中确定其故障模式。

（4）典型的故障模式：当（2）、（3）中的方法不能获得故障模式时，通过参照表 3-11、表 3-12 所列典型故障模式确定张北坝头风电场风力发电机组设备可能出现的故障模式。

表 3-11　　设备典型故障模式类型（初步分析）

序　号	故障模式
1	提前工作
2	在规定的工作时间内不工作
3	在规定的非工作时间内工作
4	间歇工作或工作不稳定
5	工作中输出消失或故障（如性能下降等）

表 3-12　　设备典型故障模式类型（详细分析）

序号	故障模式	序号	故障模式	序号	故障模式	序号	故障模式
1	结构故障（破损）	12	超出允差（下限）	23	滞后运行	34	折断
2	捆结或卡死	13	意外运行	24	输入过大	35	动作不到位
3	共振	14	间歇性工作	25	输入过小	36	动作过位
4	不能保持正常位置	15	漂移性工作	26	输出过大	37	不匹配
5	打不开	16	错误指示	27	输出过小	38	晃动
6	关不上	17	流动不畅	28	无输入	39	松动
7	误开	18	错误动作	29	无输出	40	脱落
8	误关	19	不能关机	30	（电的）短路	41	弯曲变形
9	内部漏泄	20	不能开机	31	（电的）开路	42	扭转变形
10	外部漏泄	21	不能切换	32	（电的）参数漂移	43	拉伸变形
11	超出允差（上限）	22	提前运行	33	裂纹	44	压缩变形

5. 故障原因分析

故障原因分析的目的：找到每个故障模式产生的直接和间接原因，进而实施有效的预防或改进措施，尽可能降低故障模式发生概率。

故障原因分析的方法：①从引发设备出现功能故障模式的物理、化学等因素寻找故障模式发生的直接原因；②从外部因素（如其他风电场设备的故障、使用、环境和人为因素等）方面找引发风力发电机组发生故障模式的间接原因。

6. 对策措施分析

（1）故障检测方法分析。

为风力发电机组的维修性与测试性设计以及维修工作分析等提供依据。故障检测方法一般包括声发检测、红外检测、化学检测、振动检测等手段。

（2）设计改进措施分析。

当风力发电机组发生故障时，应考虑是否具备继续工作的备用方案、相应的技术改造、替换方案。

（3）使用补偿措施分析。

为了尽量避免或预防故障的发生，通过开展及时有效的事后应急处置和补救措施，尽可能降低故障影响。

3.4 风力发电机组故障危害度分析及改进

开展风力发电机组故障模式危害性分析（CA）的目的是：对各子系统及部件每一个故障模式的严重程度和其发生的概率综合开展分析，并对两个因素共同产生的影响进行分类，从而全面评价风力发电机组中所有故障模式造成的影响[175]。

3.4.1 危害性矩阵分析法

危害性矩阵分析法是通过对设备故障严重程度和发生概率进行综合评判，以确定设备故障危害度的先后顺序，为下一步明确预防性工作优先级提供依据。危害性矩阵分析方法分为定量和定性分析，主要依据是否可以得到准确的设备故障模式数据进行选择。危害性矩阵是在选定的设备故障模式严重等级定义下，通过比较对应故障模式发生概率的大小确定设备故障危害等级。危害性矩阵与风险优先数（RPN）一样具有风险优先顺序的作用。

绘制危害性矩阵图的方法：横坐标以等距离间隔表示故障模式严重度等级；纵坐标

为故障模式发生概率等级。其评价方法为：首先按故障模式发生概率等级在纵坐标上查找对应点，再在横坐标上选取代表故障模式严重度类别的直线，确定故障模式严重度与发生概率的交点后，向矩阵对角线矢量直线做垂线，并标注故障模式的位置，从而构成设备对应故障模式的危害性矩阵图，确定各设备故障模式的危害性的分布情况。图 3-7 所示为张北坝头风电场风力发电机组的故障危害性矩阵图。从图 3-7 中可以看出，故障模式 1 油位过低处于危害性最大的地位，其次是 2 油温过高，3 齿轮箱故障、油压低、齿轮箱泵无压力、泵高速运行时断路器异常、冷却润滑系统故障、制动系统故障、刹车垫距离大于 2mm，其次是 4、5，最后是危害性最小的故障模式 6 主轴轴承温度高。

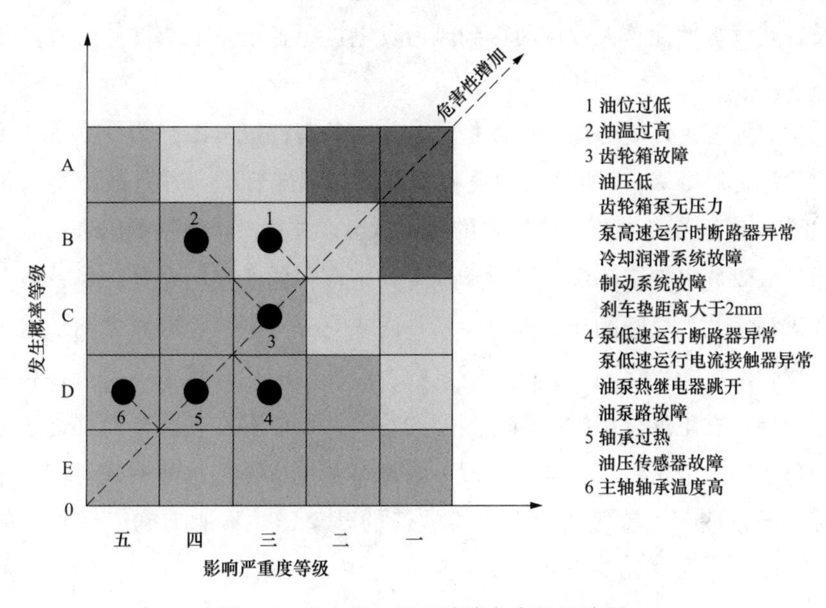

图 3-7　风力发电机组故障危害性矩阵图

危害度也可用数值来衡量，只要建立危害性矩阵图到危害性指标的映射即可，见表 3-13。例如，处于危害性矩阵图中的（A，1）位置上的点对应的危害性指标为 9。

表 3-13　张北坝头风电场风力发电机组故障危害性矩阵图指标映射情况

位置	危害性指标	位置	危害性指标
（A，1）	9	（B，5）（C，4）（D，3）（E，2）	4
（A，2）（B，1）	8	（C，5）（D，4）（E，3）	3
（A，3）（B，2）（C，1）	7	（D，5）（E，4）	2
（A，4）（B，3）（C，2）（D，1）	6	（E，5）	1
（A，5）（B，4）（C，3）（D，2）（E，1）	5		

针对危害性较高的故障模式应当予以更多的关注，计算其可靠性指标，确定合理准确的维护方式，针对危害性较低的故障模式，可以适当减少关注，从而减少维护成本。最终做到合理安排维护资源，在保证可靠性的前提下尽可能地提高维护效率，进而提高效益。

3.4.2 传统 FMECA 中故障危害度分析存在的问题

基于故障危害度矩阵方法进行风力发电机组的故障模式危害度风险分析，根据故障模式各分部点在矩阵对角线的投影点到原点的距离作为故障模式的危害性依据，垂足距离原点越长，其危害性性越大，从而得到风力发电机组各子系统或部件的故障危害性分布情况。

通过设备故障危害性矩阵图，可以将整个故障危害性矩阵图分为 9 个等级区域，即分为 9 个故障危害性等级，1 级为发生度极低，故障影响轻微，并且故障容易被检测出来；10 级为发生度极高，故障为无警告的严重危害，并且极难被检测出来的故障。

目前通过故障危害性矩阵法开展故障危害评定存在的主要问题是，单一故障发生概率和故障严重程度两者之间的相对重要关系，而未充分考虑两者因素之间随着设备运行时间和工况变化的可能存在不一样的权重系数。在实际应用环境下，由于各种背景因素的权重不同，导致发生度、严酷度和检测度的重要性可能存在差异，而且通过危害性矩阵进行故障危害风险分析时，也容易出现不同设备系统或部件故障模式对应一个危害性等级的情况，导致危害性等级排序出现不连续的现象，并不能准确表示相同的风险度差异。

目前大部分风电场投运时间较短，难以从工程实践中获得较为准确确定设备发生度、严酷度和检测度的具体数值，需要加强日常设备运行数据的积累，同时受风电场运维人员经验差异较大等主观因素影响，因此在实际调研中，对于设备故障发生概率、设备故障严重等级也难以实现较为准确的主观量化打分，目前只能是以模糊定性语言加以表述，如“发生频率较高，影响较大”等。然而利用传统的 FMECA 分析法中故障危害风险矩阵难以处理这种模糊性定性分析描述，因此导致 FMECA 在当前发电领域应用，尤其是在风电场这类新兴发电系统中使用带来较大限制。

3.4.3 基于灰色理论的风力发电机组故障危害度分析

灰色理论是我国邓聚龙教授于 1982 年首次提出的。灰色理论至今已经历了近 40 年的发展，理论体系得到了全面的丰富，灰色理论的主要研究对象为一个由多种因素才构成现行不确定性的系统，而整个系统的发展方向是由这些多种因素的不确定共同作用产

生的，并且其中各个因素的影响有大有小，有的抑制系统发展，有的促进系统发展，因此必须要对各个因素开展详细的研究才能掌握其发展的规律，灰色理论为这样的不确定性和非线性问题提供理论分析基础，通过对系统现有信息数据进行生成、抽取、汇总、分析的过程，深入挖掘出更有价值的信息，从而实现对数据的挖掘再生成的过程。

对于风力发电机组设备故障危害度分析中出现的灰色问题主要表现为：风力发电机组的整个结构体系和功能较为复杂、抽象，一旦风力发电机组设备运行过程中的某个子系统或是部件出现故障，故障模式和故障发生原因分析大多是定性分析，具有模糊性，同时当前风电场中的风力发电机组运行时间均较短，故障危害度分析所需的运行数据和故障数据相对较少，因此研究风力发电机组设备故障危害度问题时可以引入灰色理论的方法，以便开展有效分析。

在FMEA基础上进行灰色关联分析的基本流程如图3-8所示[3][176-178]，具体步骤如下：

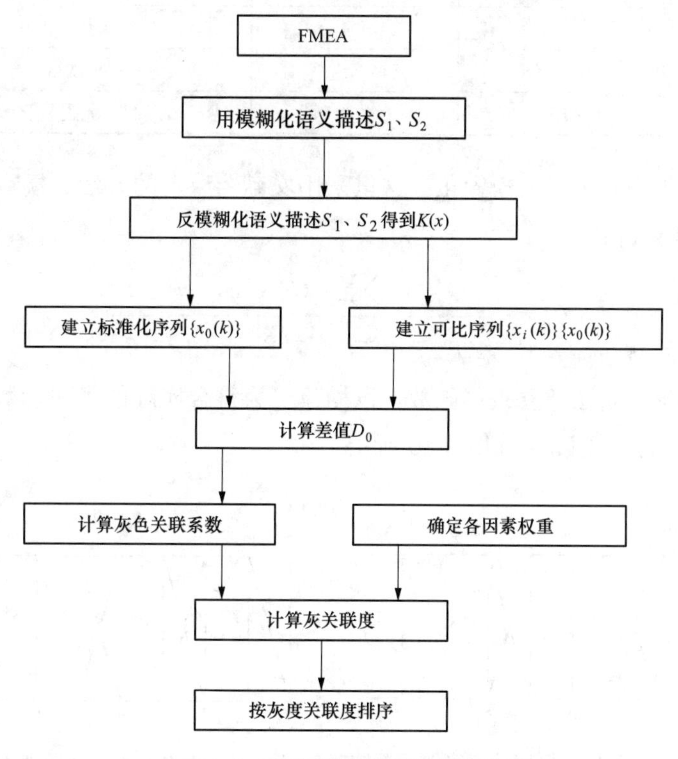

图3-8 灰色关联分析基本流程

(1) 首先根据FMEA列出风力发电机组各子系统或部件可能出现的故障模式，并对每一故障模式产生反映决策因素S_1、S_2、S_3、…、S_n的模糊语义描述，模糊语义描述一般为“很低”“低”“中等”“高”和“很高”。

本书利用灰色理论对危害矩阵进行优化，涉及的故障反映决策因素有两个，即S_1

是对设备故障发生概率的模糊语言描述；S_2 是对设备故障严重性的模糊语言描述。S_1 模糊语义描述为“A 级”“B 级”“C”“D 级”“E 级”，S_2 模糊语义描述为“一级”“二级”“三级”“四级”“五级”，模糊语义描述的确定方法见表 3-14。

表 3-14　　模糊语义描述的对应方式

模糊描述	评分（S_1、S_2）	严重性描述	发生概率频率
很低	1	轻度（五级）	E 级 次数小于 0.000 001
低	2	临界（四级）	D 级 次数大于 0.000 001
	3		次数大于 0.000 005
中等	4	严重（三级）	C 级 次数大于 0.000 01
	5		次数大于 0.000 03
	6		次数大于 0.000 06
高	7	致命（二级）	B 级 次数大于 0.000 1
	8		次数大于 0.000 5
很高	9	灾难（一级）	A 级 次数大于 0.001
	10		次数大于 0.01

（2）对各决策因素进行反模糊化。这里采用文献[179-181]的方法。模糊集的脆性系数可由式（3-1）计算得到。

$$K(x)=\frac{\sum_{i=0}^{n}(b_i-c)}{\sum_{i=0}^{n}(b_i-c)-\sum_{i=0}^{n}(a_i-d)} \tag{3-1}$$

本书采用梯形分析法建立隶属函数，以构建更为符合实际的隶属函数关系，对应各评价定义的隶属函数如图 3-9 和图 3-10 所示。

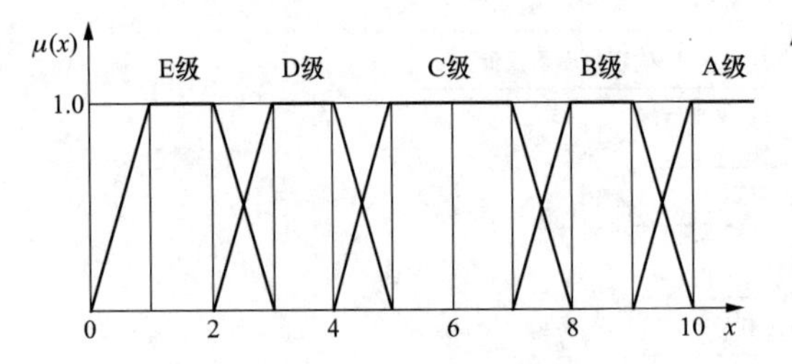

图 3-9　风力发电机组故障发生概率等级隶属函数图

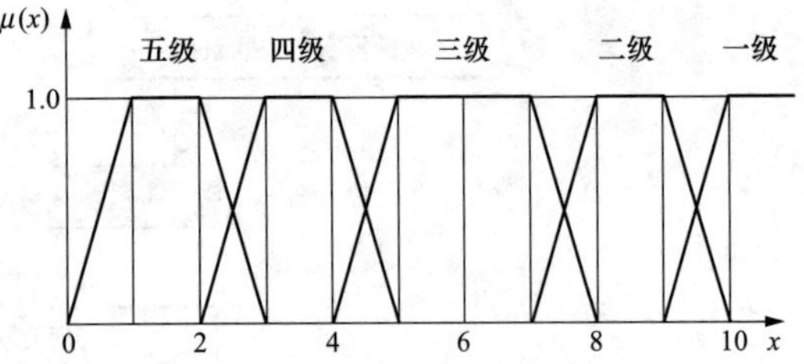

图 3-10　风力发电机组故障严重等级隶属函数图

以模糊语义描述“中等”为例，求取其脆性系数。由图 3-10 易得，以模糊语义描述“中等”为例，求取其脆性系数。由图 3-10 易得，$a_0=4$，$b_0=8$，$a_1=5$，$b_1=7$，$c=0$，$d=10$。代入式（3-1）有

$$K(x)=\frac{[b_0-c]+[b_1-c]}{\{[b_0-c]+[b_1-c]\}-\{[a_0-d]+[a_1-d]\}}=0.5769$$

同理，可得到其他模糊语义描述对应的脆性系数，见表 3-15。

表 3-15　　风力发电机组模糊语义对应反模糊化脆性系数

模糊语义描述		区　间						反模糊化脆性系数
发生概率等级	影响严重等级	c	d	a_0	b_0	a_1	b_1	
A级	一级	0	10	9	10	10	10	0.952 4
B类	二级			7	10	8	9	0.791 7
C级	三级			4	8	5	7	0.576 9
D级	四级			2	5	3	4	0.375 0
E级	五级			0	3	1	2	0.208 3

根据以上结果可得到比较序列，并以式（3-2）的形式表示，即

$$X=\begin{bmatrix}x_1\\x_2\\\cdots\\x_n\end{bmatrix}=\begin{bmatrix}x_1(1)&x_1(2)&\cdots&x_1(m)\\x_2(2)&x_2(2)&\cdots&x_2(m)\\\vdots&\vdots&&\vdots\\x_n(1)&x_n(2)&\cdots&x_n(m)\end{bmatrix}\tag{3-2}$$

式中：x_1、x_2、…、x_3 表示 n 个故障模式对应的比较序列；$\{x_i(1),\ x_i(2),\ \cdots,\ x_i(m)\}$ 表示第 i 个故障模式的 m 个决定因素模糊语义描述对应的脆性系数。

同时产生标准序列，标准序列反映了所有决策因素的理想或期望水平，同时产生标准序列，标准序列反映了所有决策因素的理想或期望水平，如式（3-3）所示。

$$X_0=[x_0(1),\ x_0(2),\ \cdots,\ x_0(m)]\tag{3-3}$$

最后，计算两个序列（比较序列和标准序列）的差序列，如式（3-4）所示。

$$d_i=[\Delta_i(1),\ \Delta_i(2),\ \cdots,\ \Delta_i(m)]\tag{3-4}$$

其中，$\Delta_i(k)=x_i(k)-x_0(k)$

则灰色关联系数可由式（3-5）求得

$$\gamma[x_0(k),\ x_i(k)]=\frac{\min\limits_i\min\limits_k|x_0(k)-x_i(k)|+\zeta\max\limits_i\max\limits_k|x_0(k)-x_i(k)|}{|\Delta_i(k)|+\zeta\max\limits_i\max\limits_k|x_0(k)-x_i(k)|}\tag{3-5}$$

式中：$x_0(k)$ 为标准序列中第 k 个因素对应值；$x_i(k)$ 为比较序列矩阵中第 i 个故障模式第 k 个因素对应值；ζ 为分辨系数，仅影响相对风险值，$\zeta\in(0,1)$，通常取 0.5。

计算比较序列与标准序列的关联度，可由式（3-6）得到。

$$\gamma(x_0, x_i) = \sum_{k=1}^{m} \beta_k \gamma[x_0(k), x_i(k)] \tag{3-6}$$

式中：β_k 为各因素的权重系数，且满足 $\sum_{k=1}^{m} \beta_k = 1$。$\beta_k$ 可由层次分析法得到。

由以上模型计算过程得到灰色关联度值结果反映了风力发电机组设备存在的某一潜在故障原因与评价因素最优值之间的关系，关联度越大表示对应的该故障模式的影响越小，对应风力发电机组设备的危害度风险优先级越低。根据各灰色关联度值可以实现各风力发电机组子系统或部件故障模式的危害度风险排序，达到进一步精细区分风力发电机组各子系统及内部部件故障危害度风险分析的目的。

3.4.4 应用案例

以张北坝头风电场风力发电机组为研究对象，对风力发电机组故障危害情况进行定量分析，并咨询风力发电机组领域专家和现场一线运维人员，结合收集到的风力发电机组相关设备具体故障发生信息，得到的风力发电机组部件分析结果见表 3-16。

表 3-16　张北坝头风电场风力发电机组传动系统各故障模式发生概率及严重等级

序号	故障模式	发生概率等级	影响严重等级
1	齿轮箱故障	C级	三级
2	轴承过热	D类	四级
3	油温过高	B级	四级
4	油位过低	B级	三级
5	油压低	C级	三级
6	齿轮箱泵无压力	C级	三级
7	泵低速运行断路器异常	D级	三级
8	泵低速运行电流接触器异常	D级	三级
9	泵高速运行时断路器异常	C级	三级
10	油泵热继电器跳开	D级	三级
11	油压传感器故障	D级	四级
12	油管路故障	D级	三级
13	冷却润滑系统故障	C级	三级
14	主轴轴承温度高	D级	五级
15	制动系统故障	C级	三级
16	刹车垫距离大于 2mm	C级	三级

对各部件故障模式下的发生概率因素和严重等级因素进行反模糊化，得到比较序列，见表 3-17。

表 3-17　　传动系统各部件概率因素及严重等级反模糊化结果

序号	故障模式	X	
1	齿轮箱故障	0.576 9	0.576 9
2	轴承过热	0.375	0.375
3	油温过高	0.791 7	0.375
4	油位过低	0.791 7	0.576 9
5	油压低	0.576 9	0.576 9
6	齿轮箱泵无压力	0.576 9	0.576 9
7	泵低速运行断路器异常	0.375	0.576 9
8	泵低速运行电流接触器异常	0.375	0.576 9
9	泵高速运行时断路器异常	0.576 9	0.576 9
10	油泵热继电器跳开	0.375	0.576 9
11	油压传感器故障	0.375	0.375
12	油管路故障	0.375	0.576 9
13	冷却润滑系统故障	0.576 9	0.576 9
14	主轴轴承温度高	0.375	0.208 3
15	制动系统故障	0.576 9	0.576 9
16	刹车垫距离大于 2mm	0.576 9	0.576 9

从表 3-7 结果即可得到比较序列矩阵 X，即

$$X=\begin{bmatrix} 0.5769 & 0.5769 \\ 0.375 & 0.375 \\ 0.7917 & 0.375 \\ 0.7917 & 0.5769 \\ 0.5769 & 0.5769 \\ 0.5769 & 0.5769 \\ 0.375 & 0.5769 \\ 0.375 & 0.5769 \\ 0.5769 & 0.5769 \\ 0.375 & 0.5769 \\ 0.375 & 0.375 \\ 0.375 & 0.5769 \\ 0.5769 & 0.5769 \\ 0.375 & 0.2083 \\ 0.5769 & 0.5769 \\ 0.5769 & 0.5769 \end{bmatrix}$$

标准序列取为各决策因素最低模糊语义描述的反模糊化值，取标准序列为零矩阵，即设定标准矩阵为 $x_0=[0\quad 0]$，因此式（3-5）可简化为式（3-7）。

$$\gamma[x_0(k),\ x_i(k)]=\frac{\Delta_{\min}+\zeta\Delta_{\max}}{\Delta_{0i}(k)+\zeta\Delta_{\max}} \tag{3-7}$$

式中：$\Delta_{\min}=0.2083$，$\Delta_{\max}=0.9524$，$\zeta=0.5$。

由式（3-7）便可得到各故障模式下的各决策因素所对应的灰色关联系数矩阵 $\boldsymbol{r}$。

$$\boldsymbol{r}=\begin{bmatrix}0.621 & 0.621\\0.784 & 0.784\\0.509 & 0.784\\0.509 & 0.621\\0.621 & 0.621\\0.621 & 0.621\\0.784 & 0.621\\0.784 & 0.621\\0.621 & 0.621\\0.784 & 0.621\\0.784 & 0.784\\0.784 & 0.621\\0.621 & 0.621\\0.784 & 1\\0.621 & 0.621\\0.621 & 0.621\end{bmatrix}$$

通过与风力发电领域专家、风力发电机组制造厂家专家以及风电场现场运维人员交流和探讨，根据风电场实际运行情况，风力发电机组概率因素和故障严重等级因素还难以明显区分其各自权重情况，因此本书研究中得到式（3-6）中的故障概率因素和故障严重等级因素权重 β_1 和 β_2 为 0.5 和 0.5。将各对应灰色关联系数代入式（3-6）就得到了风力发电机组各故障模式对应的灰色关联度，见表 3-18。

表 3-18　　风力发电机组传动系统部件故障模式对应灰色关联度

序号	故障模式	发生概率等级	影响严重等级	灰关联度	排序	危害性矩阵图排序
1	齿轮箱故障	0.621	0.621	0.621	2	2
2	轴承过热	0.784	0.784	0.784	14	14

续表

序号	故障模式	发生概率等级	影响严重等级	灰关联度	排序	危害性矩阵图排序
3	油温过高	0.509	0.784	0.646 5	9	2
4	油位过低	0.509	0.621	0.565	1	1
5	油压低	0.621	0.621	0.621	3	2
6	齿轮箱泵无压力	0.621	0.621	0.621	4	2
7	泵低速运行断路器异常	0.784	0.621	0.702 5	10	10
8	泵低速运行电流接触器异常	0.784	0.621	0.702 5	11	10
9	泵高速运行时断路器异常	0.621	0.621	0.621	5	2
10	油泵热继电器跳开	0.784	0.621	0.702 5	12	10
11	油压传感器故障	0.784	0.784	0.784	15	14
12	油管路故障	0.784	0.621	0.702 5	13	10
13	冷却润滑系统故障	0.621	0.621	0.621	6	2
14	主轴轴承温度高	0.784	1	0.892	16	16
15	制动系统故障	0.621	0.621	0.621	7	2
16	刹车垫距离大于2mm	0.621	0.621	0.621	8	2

在使用灰色关联度故障危害风险分析方法中，通过将故障概率因素和故障严重性因素通过反模糊化计算，将定性指标脆性化为定量指标，同时引入权重系数，可以看出表3-17中序号1、2、4、7、14所对应的故障危害度排名，利用灰色关联方法和矩阵法得到相同的设备故障危害性排序，说明利用灰色理论进行故障危害风险分析是有效的。同时从表3-17结论中还能发现，序号1、3、5、6、9、13、15、16对应的设备故障模式在利用危害性矩阵方法进行危害度排序时，具有相同的重要度排序2，这就出现了在第3.4.2节中所讲的传统危害度排序所出现的弊端，因此利用本书提出的灰色理论故障危害分析方法，前述序号对应的设备故障危害度排序为2、9、3、4、5、6、7、8，有效地将原本处于同于危害度重要等级的故障模式进行了细分，由此可见利用灰色理论风险分析具有更高的区分精度。

通过表3-18结论中“齿轮箱故障”和“油温过高”两个故障模式进行分析，在利用故障危害度矩阵进行分析时，两个故障模式具有相同的故障危害等级2级，因此从此结论上难以有效区分两者故障危害情况，但是从实际齿轮箱运维情况来看，齿轮箱故障对应的结果大部分为齿轮箱机械故障，如出现齿轮打齿、啮合、断齿等故障结果，而齿轮箱油温高故障特点也一般是由齿轮箱故障引起，或是发电负荷和环境温度影响，从故障实际造成的影响和故障后果来看，“齿轮箱故障”所反映出来的故障，要比“油温过高”故障的危害度高，因此也说明通过引入灰色理论对设备故障危害度分析，更符合现场设备运行情况，更方便现场运维人员区分风力发电机组各子系统及部件故障危害程度，从而对危害度等级较高的子系统和部件开展有针对性的排查，制定优先应对措施，在日常设备运行、预防性维修决策等方面提供更为准确的依据。

3.5 风力发电机组 FMECA 的实用性改进

3.5.1 故障发生后快速定位故障原因

故障发生后，查找 FMECA 表，找到对应故障模式所对应的原因，根据各原因发生概率等级确定检查故障优先级。例如：查找故障模式齿轮箱故障（见表 3-19），可以得到其故障原因有齿轮箱损坏、齿轮箱端盖损坏、润滑油（齿轮箱）失效、线路（齿轮箱）松动，分别对应发生概率等级 D 级、D 级、D 级、C 级，则可优先检查是否是由线路（齿轮箱）松动导致的齿轮箱故障。

表 3-19　风力发电机组 FMECA 表中齿轮箱故障模式（局部）

故障模式	故障原因	概率等级	张北坝头概率等级
齿轮箱故障	齿轮箱损坏	C 级	D 级
	齿轮箱端盖损坏	D 级	D 级
	润滑油（齿轮箱）失效	D 级	D 级
	线路（齿轮箱）松动	D 级	C 级

3.5.2 实现一般性与特定环境 FMECA 分析对比

以张北坝头风电场 FMECA 结果和一般性 FMECA 结果表做对比，见表 3-20，讨论风电场检修计划的制订。

表 3-20　张北坝头风电场特殊性结果与一般性分析结果对比（局部）

故障模式	概率等级	严重等级	危害度等级	坝头概率等级	坝头严重等级	坝头危害度等级	故障原因	概率等级	坝头概率等级
滚珠脱落	D 级	二级	5		四级		轴承安装间隙不当	E 级	
							冲击载荷作用	E 级	
							高速	E 级	
							轴承磨损严重	E 级	

续表

故障模式	概率等级	严重等级	危害度等级	坝头概率等级	坝头严重等级	坝头危害度等级	故障原因	概率等级	坝头概率等级
过热	B级	三级	6	D级	五级	3	润滑油不足	C级	
							润滑不良	C级	
							转速过高	C级	
							温度传感器故障	C级	
							温度传感器故障	C级	
							温控阀损坏	D级	D级
							温控阀损坏	D级	D级

针对表3-20中所列的对比结果，做如下讨论：

（1）对于风电场实际发生的故障模式，且此故障模式存在于一般性结果表中，应当根据风电场实际情况及一般性情况综合考虑是否要调整检修措施以及检修间隔。

（2）一般性表中发生概率等级等于实际风电场中发生概率等级，参照一般性表制定检修措施以及检修间隔。

（3）一般性表中发生概率等级高于实际风电场中发生概率等级，例如张北坝头风电场中传动系统的过热故障模式，一般性表中显示发生概率等级为B级，实际中为D级，则可考虑降低巡视频度，如果多个风场长时间出现此种情况，应当考虑修正一般性表中的相关等级。

（4）一般性表中发生概率等级低于实际风电场中发生概率等级，应当考虑先在个别实际风电场中提高巡视频度，如果多个风电场长时间出现此种情况，应当考虑修正一般性表中的相关等级。

（5）对于风电场实际发生的故障模式，但此故障模式未存在于一般性结果表中，应当考虑是否添加此故障模式到一般性结果表中。

（6）对于存在于一般性结果表中，但未发生在实际风电场中的故障模式，应当根据此故障模式的危害性，确定在实际风电场中对它的关注程度，例如张北坝头风电场中并未发生滚珠脱落的故障模式，应当根据这一故障模式的危害性决定是否将其列为检修项目。

3.5.3 实现与可靠性指标、SCADA监测数据关联

在对张北坝头风电场FMECA分析结果的基础上，充分利用FMECA的分析逻辑表，有效将对应设备的可靠性指标与SCADA监测数据进行有效对应，见表3-21。

表 3-21　　张北坝头风电场 FMECA 扩充表（局部）

<table>
<tr><th rowspan="2">部件</th><th rowspan="2">功能</th><th rowspan="2">故障模式</th><th colspan="3">预防性维护措施</th><th colspan="2">可靠性指标</th><th colspan="2">SCADA 报错内容</th></tr>
<tr><th>内容</th><th>周期</th><th>参考（维护手册）</th><th>MTBF（天）</th><th>t（天）</th><th colspan="2">东汽</th></tr>
<tr><td rowspan="7">变桨电机</td><td rowspan="7">提供变桨驱动动力</td><td rowspan="3">驱动电机过热</td><td rowspan="3">功能检测</td><td rowspan="3">实时</td><td rowspan="7">1.3</td><td rowspan="7">118.13</td><td rowspan="7"></td><td>1147/1148/1149</td><td>1号/2号/3号变桨电机温度高</td></tr>
<tr><td>1170/1171/1172</td><td>1号/2号/3号变桨电机温度高于限制</td></tr>
<tr><td>1199</td><td>变桨电机温度高</td></tr>
<tr><td rowspan="4">驱动电机振动过大</td><td rowspan="4">操作人员监控</td><td rowspan="4">半年</td><td>1150/1151/1152</td><td>1号/2号/3号变桨电机电流超过最大值</td></tr>
<tr><td>1153/1154/1155</td><td>1号/2号/3号变桨电机无电流测量</td></tr>
<tr><td>1156</td><td>变桨电机电流不对称</td></tr>
<tr><td>1173</td><td>变桨电机风扇热继电器跳开</td></tr>
</table>

通过对 FMECA 表的扩充，可以很方便地查找针对某一部件的预防性维修措施、SCADA 检测内容以及相应的可靠性指标计算结果，从而将 FMECA 与可靠性计算、预防性维修以及状态检测紧密联系，为提高风电场设备运行维护提供诸多便利。

3.6　本　章　小　结

（1）根据风电场实际运行故障数据，基于巴雷托分析法，对风力发电机组的运行故障情况进行了全面的梳理和分析，全面掌握研究对象的风力发电机组的实际运行参数，为后续 FMECA 分析中设备故障危害度分析奠定了基础。

（2）针对实际风力发电机组开展 FMECA 分析，得到了完整的风力发电机组 FMECA 分析结果，并利用矩阵图法建立了风力发电机组故障危害度分析结果，首次根据风力发电机组实际运行数据得到风力发电机组危害性分布表。

（3）在矩阵图法实施的过程中，针对矩阵图法评价的误差及缺陷，提出了风力发电机组基于灰色理论模型的危害度风险分析模型，并且通过实际案例计算结果表明，与传统的矩阵图法相比，该方法在风力发电机组故障危害性分析方面具有更高的精度，并且利用灰色理论评价模型结果，对风力发电机组系统和相关部件故障模式危害度进行了风险排序，为后续设备维修策略制定提供依据。

（4）传统设备FMECA分析建立在对大量设备运行数据分析的基础上，因此需要收集大量风力发电机组设计、制造、装配、运行机理和经验，并结合实际使用中的故障统计数据，得出的一种确定设备重要（关键）部件的方法。FMECA分析可以是静态分析，也可以是动态分析。对于风电场设备而言，通过对大量风电场设备数据的分析积累可以得到比较完善的FMECA表，其中所列出的故障模型及其重要度反映了大量设备的基本规律，具有一般性，是静态分析。但是对于某个具体风电场，设备数量及发生的故障模型有限，故障数据量比较少，针对这些设备及其故障定期开展FMECA分析，可以得到在一定程度上反映该风电场设备故障模型及其重要度规律的特殊结果和FMECA表，这些具体风电场的分析结果可以在制订设备及其部件的运行维护和维修计划中作为参考，是动态分析。通过将一般性的FMECA表与某个风场特殊的FMECA表进行比对，扩展了FMECA表使用功能，优化完善了FMECA表的应用，为后续制订合理的设备滚动维修计划提供参考依据。

4　风力发电机组可靠性分析模型

4.1　概　　述

可靠性是设备在规定的时间内和规定的条件下，完成规定任务的概率。而对于设备可靠性的评价是通过对贯穿于设备整个从设计开始的全寿命周期的数据进行分析的结果。设备在不同时期开展可靠性评价的需求侧重点不同，因此开展可靠性评价的分析模型也有所不同。不同评价模型的核心目的都是将现有数据进行梳理，找出影响当前设备可靠性的薄弱环节，并在此基础上找到造成这些薄弱点的原因，为下一步开展各种有针对性的预防性维修工作提供决策依据，确保设备达到规定功能，提高完成规定任务的概率。

风力发电机组投运以后，如果某些子系统或部件发生故障，就可能导致机组停机，造成严重经济损失，影响风电场效益。在制定运维策略时，仅仅对可能造成停机故障的子系统及部件进行定性分析是不够的，必须进行定量计算分析，确定各个子系统和重要部件的故障分布模式、平均寿命等运行可靠性指标，才能制定合理的运行维护策略，达到降低设备故障率的目的。

我国已建成投运的风电场以大规模集中式风电场为主，风电场中同时运行几十台、上百台设备，而且同类型、同型号的风力发电机组数量较多，这有利于对风力发电机组故障数据的收集和整理，通过这些样本开展大数据分析，快速判断故障机理，为开展风力发电机组设备可靠性量化分析及失效模型建立提供数据分析基础。这些设备投运以后产生的故障样本数据往往具有一定的规模数量，当故障数据积累到一定程度，就可以反映出风力发电机组中各子系统或部件的故障发生规律，形成统计意义上的故障模式，在这些故障样本数据的基础上，可以对风力发电机组整机及子系统的运行可靠性进行定量分析，为制定合理的运维策略提供量化依据。

国内外针对风力发电机组运行可靠性分析方法已经做过大量研究，包括基于故障数据建立设备的寿命分布模型、设备运维决策优化方法等[84][182-185]。由于实际风电场故障数据的采集整理工作具有很大难度，虽然各个风电场都不同程度地积累了一些故障数据，但因各种原因，难以形成规范化的故障数据库，大大限制了运行可靠性分析工作的开展，因此目前针对风力发电机组运行可靠性的研究缺少实际故障数据的验证和分析。

本章基于对张北坝头风电场投运以来的设备实际运行数据和故障数据的全面统计分析，展开风力发电机组各子系统和部件的运行可靠性分析，并最终得到风力发电机组整机的可靠性量化评价结果，制定出不同的设备状态评价方法；结合设备实际运行状态监测数据和可靠性分析数据，建立设备故障分布的数学模型，为风电场实施设备可靠性分析以及状态的定量评价和预测提供依据。

4.2 设备可靠性分析基础

4.2.1 设备可靠性量化分析流程

设备可靠性数据分析的一般流程如图 4-1 所示，包括以下 6 个方面：一是确定设备运行可靠性的要求以及评价可靠性的对应指标；二是明确设备的结构和功能划分，以及设备需完成的任务内容；三是根据前面可靠性要求和功能任务，针对设备实际建立可靠性分析模型；四是按照设备结构类型收集运行数据，尤其重点收集设备故障相关的信息；五是对收集到的数据进行预处理并采取合适的可靠性指标进行评估；六是得到设备的可靠性评估结论，并找到影响设备可靠性的关键因素。

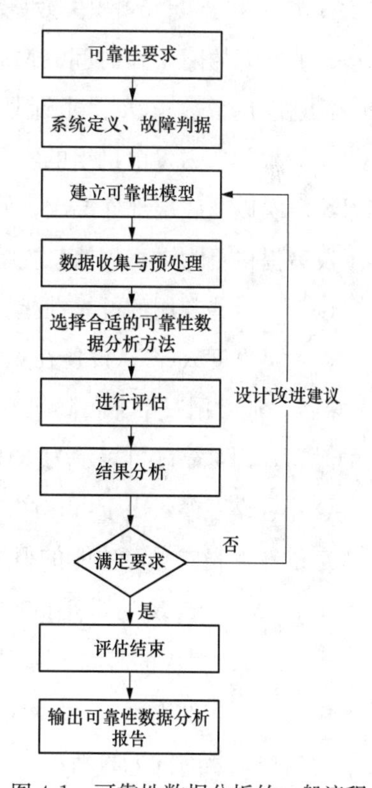

图 4-1 可靠性数据分析的一般流程

本书针对风力发电机组进行可靠性量化分析，在可靠性数据分析一般流程上，设计了具体突出设备失效率和可靠度的量化分析，其具体分析流程如图 4-2 所示。

本书开展设备可靠性量化分析的目的是通过对设备可靠性的量化评价得到能突出反映风力发电机组可靠性水平的关键指标，即设备失效率情况和可靠度情况，并通过这两个核心量化指标为后续开展设备维修决策提供基础评

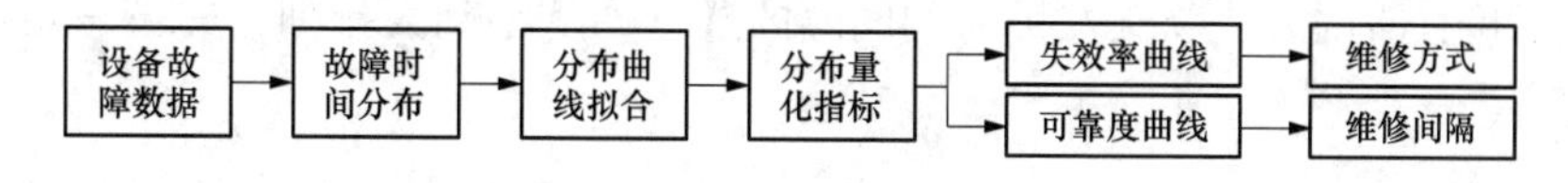

图 4-2 风力发电机组失效率和可靠性指标量化计算分析流程

价数据，因此本书设计的可靠性量化分析流程较可靠性数据分析的一般流程更具有针对性，整个分析流程更为精简，整个分析流程的迭代效率也大为提高，其分析产生的数据结果使用效率更高，为 RCM 整体实施提供了更为准确的决策基础数据。

4.2.2 可靠性量化指标确定

工程应用中，为了便于更好反映设备可靠性状态，通过一些量化指标来描述设备的可靠性。可靠性的分析难以通过一个量化指标来反映，需要多个系统量化指标综合反映出设备的可靠性[186-188]。根据风电场现有数据，确定可以进行计算的可靠性指标有可靠度 $R(t)$、不可靠度（累积失效概率分布函数）$F(t)$、失效概率密度函数 $f(t)$、失效率 $\lambda(t)$、平均无故障工作时间（MTBF）、平均首次故障前工作时间（MTTFF）、可靠寿命、计划停运系数 POF、非计划停运系数 UOF、可用系数 AF、非计划停运发生率 UOOR。根据风力发电机组的实际结构情况，将指标计算分为三个层次，即系统层次、子系统层次以及底层部件层次，使得分析的结果具有宏观及微观两方面的特性，为维修辅助决策提供更为丰富的信息支持。

以下对一些常用的可靠性指标进行介绍。

（1）可靠度 $R(t)$：设备在规定工况下、规定时间内、实现规定功能的概率，是时间 t 的函数。通常用一个非负随机变量 X 来描述产品寿命，即风力发电机组开始工作到失效的时间，则可靠度可表示为 $R(t)=P\{X>t\}$。

（2）可靠寿命：由于可靠度 $R(t)$ 是时间函数，可靠寿命可以表示为风力发电机组在规定条件下完成规定功能的概率大于某个设定值 R 时设备是可靠的对应的时间，即 $R(t)=P\{X>t\}>R$ 所求得的时间。$R(t)=0.5$ 时对应的时间 $t_{0.5}$ 称为中位寿命，$R(t)=0.368$ 时对应的时间 $t_{0.368}$ 称为特征寿命。

（3）不可靠度 $F(t)$：表示风力发电机组在规定工作条件和规定时间内不能完成规定功能的概率，是时间 t 的函数。可以表示为 $F(t)=P\{X\leqslant t\}$，因为设备功能实现的与否是两个对立事件则，因此不可靠度和可靠度是互补的关系即 $F(t)=1-R(t)$。

不可靠度计算时，先将无故障时间间隔的样本 t_i 从小到大排列，并按一定的公式进行计算。

将 n 个样本从小到大排列后得到

$$t_1 \leqslant t_2 \leqslant t_3 \leqslant \cdots \leqslant t_n \tag{4-1}$$

大量的统计实验显示，若样本量较小可以采用平均秩公式和中位秩公式进行累计失效概率的计算，计算公式分别如下

$$\widetilde{F}(t_i)=\frac{i}{n+1}(i=1,\ 2,\ \cdots,\ n) \tag{4-2}$$

$$\widetilde{F}(t_i)=\frac{i-0.3}{n+0.4}(i=1,\ 2,\ \cdots,\ n) \tag{4-3}$$

如果样本量较大，可以根据式（4-4）计算。

$$\widetilde{F}(t_i)=\frac{i}{n}(i=1,\ 2,\ \cdots,\ n) \tag{4-4}$$

式中：i 为排列之后样本所在的位置；n 为样本总量。

（4）失效概率密度函数 $f(t)$：指在时间段（t，$t+\Delta t$）内设备发生失效的概率，是累计失效函数 $F(t)$ 对于时间的一阶导数，即

$$f(t)=\frac{\mathrm{d}F(t)}{\mathrm{d}t} \tag{4-5}$$

（5）失效率 $\lambda(t)$：表示设备在 t 时刻正常工作，在 t 时刻后，单位时间内发生故障的概率。产品在 t 时刻正常工作，在时间区间（t，$t+\Delta t$）中失效的概率为

$$P\{X\leqslant t+\Delta t\,|\,X>t\}=\frac{F(t+\Delta t)-F(t)}{R(t)}P\{X\leqslant t+\Delta t\} \tag{4-6}$$

两边同时除以 Δt，求 $\Delta t\rightarrow 0$ 的极限，可以得到 t 时刻正常工作的设备，在 t 时刻后，单位时间内发生故障的概率 $\lambda(t)$。

$$\lambda(t)=\lim_{\Delta t\rightarrow 0}\frac{F(t+\Delta t)-F(t)}{\Delta t}\ \frac{1}{R(t)}=\frac{F'(t)}{R(t)}=\frac{f(t)}{R(t)} \tag{4-7}$$

失效率函数指标在 RCM 中运用广泛，是开展设备可靠性评价的重要指标，RCM 中不同的失效率函数模型对应着不同的维修决策方法。

（6）可用度 $A(t)$：指运行时间段内，设备处在正常状态的比例。对于一个仅有正常和故障两种状态的设备，$t\geqslant 0$ 时，令

$$X(t)\begin{cases}1\text{— 时刻 } t \text{ 产品正常}\\0\text{— 时刻 } t \text{ 产品失效}\end{cases}$$

产品在 t 时刻的瞬时可用度为

$$A(t)=P\{X(t)=1\} \tag{4-8}$$

在瞬时可用度的基础上，定义在［0，t］时间内的平均可用度为

$$\widetilde{A}(t)\ \frac{1}{t}\int_0^t A(u)\mathrm{d}u \tag{4-9}$$

若极限

$$A=\lim_{\Delta t\rightarrow \infty}A(t) \tag{4-10}$$

存在，则称其为稳态可用度。工程中通过稳态可用度来反映长期运行的设备，有多少时

间比例处于正常工作状态。

(7) 平均寿命：表示无故障工作时间 T 的数学期望。对于不可修复的设备指设备寿命的平均值（mean time to failures，MTTF）其统计值为所有实验样本寿命都终结时所得到的各试验寿命的算术平均值。对可修复设备，平均寿命指平均无故障工作时间（mean time between failures，MTBF），其统计值可表示为观察期间内累计工作时间与故障次数的比值。

(8) 平均首次故障前工作时间（$MTTFF$）：用于量度故障模式是早期故障的可靠性指标。

$$MTTFF=\frac{\text{运行到首次失效的时长}}{\text{首次失效次数}} \tag{4-11}$$

(9) 可靠寿命：衡量故障模式是早期故障、损耗故障的可靠性。

$R(t)=0.5$ 时对应的时间 $t_{0.5}$ 称为中位寿命

$R(t)=0.368$ 时对应的时间 $t_{0.368}$ 称为特征寿命

(10) 非计划停运系数 UOF：用于衡量风电场运行状态。

$$UOF=\frac{\text{非计划停运时长}}{\text{统计时长}} \tag{4-12}$$

(11) 可用系数 AF：衡量风电场运行状态。

$$AF=\frac{\text{可用时长}}{\text{统计时长}} \tag{4-13}$$

(12) 非计划停运发生率 $UOOR$：衡量风电场运行状态。

$$UOOR=\left(\frac{\text{非计划停运次数}}{\text{可用时长}}\right)\times 8760 \tag{4-14}$$

针对不同的设备运行环境及评价要求，应使用不同的量化指标来开展设备的可靠性评价。如通过设备可靠度指标来反映设备统计期内完成规定功能的概率；对于一些关键部件的可靠性可以用失效率、使用寿命以及平均无故障时间等指标来反映。

4.3 风力发电机组寿命分布模型

可用来描述风力发电机组寿命分布模型包括指数分布、伽马分布、威布尔分布、对数正态分布、极值分布等[189-191]。目前针对复杂机电一体化设备及其部件的寿命分布模型主要采用威布尔分布模型进行描述，因此本书采用威布尔分布模型描述风力发电机组的寿命分布特性。本节对威布尔分布模型的基本概念、模型参数估计方法进行介绍。

4.3.1 威布尔分布模型

若非负随机变量 X 有失效概率密度函数

$$f(t)=\frac{\beta}{\eta}\left(\frac{t-\gamma}{\eta}\right)^{\beta-1}\exp\left[-\left(\frac{t-\gamma}{\eta}\right)^{\beta}\right],\ t\geqslant\gamma \tag{4-15}$$

则称 X 遵从参数为（β，η，γ）的威布尔分布，其累计失效函数为

$$F(t)=1-\exp\left[-\left(\frac{t-\gamma}{\eta}\right)^{\beta}\right],\ t\geqslant\gamma \tag{4-16}$$

其期望和方差分别为

$$EX=\gamma+\eta\Gamma\left(1+\frac{1}{\beta}\right),\ VarX=\eta^{2}\left[\Gamma\left(1+\frac{1}{\beta}\right)-\Gamma^{2}\left(1+\frac{1}{\beta}\right)\right] \tag{4-17}$$

式中：Γ（α）为伽马分布，$\Gamma(\alpha)=\int_0^{\infty}x^{\alpha-1}\mathrm{e}^{-x}\mathrm{d}x$。

威布尔分布中，$\beta>0$ 为形状参数，$\eta>0$ 为尺度参数，$\gamma\geqslant0$ 为位置参数。

形状参数 β 决定了威布尔分布的形状，同时形状参数值的不同也是对故障机理的反映，如图 4-3 所示。$\beta=1$ 时，威布尔分布表达式与指数分布的表达式相同；当 $\beta=2$ 时，威布尔分布接近瑞利分布；当 $\beta=3\sim4$ 时，威布尔分布接近正态分布。

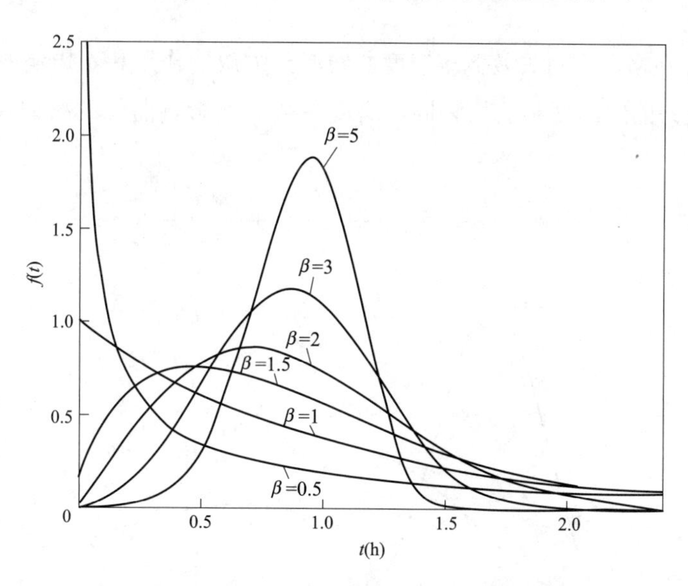

图 4-3　形状参数 β 对失效概率密度 f（t）的影响

威布尔分布形状参数 β 对故障机理的反映体现在对失效率曲线的影响上，如图 4-4 所示。$\beta<1$ 时，失效率曲线逐渐降低，可以用于早期故障的建模；$\beta=1$ 时，失效率曲线水平，可以用于偶然故障的建模；$1<\beta<2$ 时，失效率曲线逐渐上升，上升速度逐渐

减缓，可以用于轻微损耗故障的建模；$\beta=2$ 时，失效率曲线为一条上升斜线，可以用于有明显损耗故障的建模；$\beta>2$ 时，失效率曲线逐渐上升，上升速度逐渐增加，可以用于有明显损耗故障的建模。

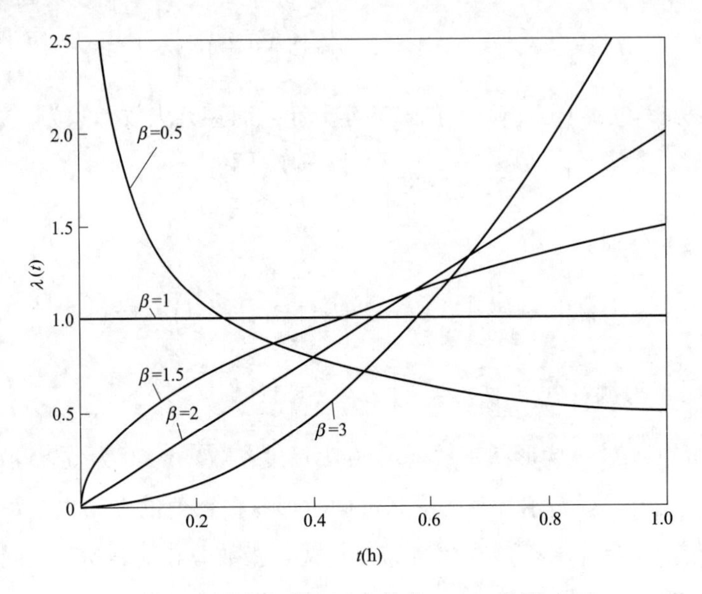

图 4-4　形状参数 β 对失效率 λ（t）的影响

尺度参数 η 在横向上对失效概率密度曲线起到缩放的作用，不影响曲线的形状，如图 4-5 所示，三条曲线的 β 和 γ 均相同，尺度参数 η 仅影响曲线的横向尺寸，η 越大曲线越窄。

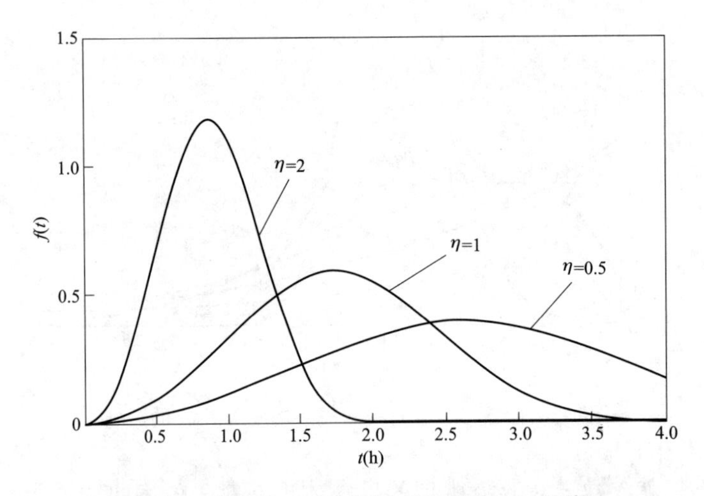

图 4-5　尺度参数 η 对失效概率密度 f（t）的影响

位置参数 γ 也称最小保证寿命，即在时间小于 $t=\gamma$ 之前，设备都不会发生故障。

位置参数 γ 决定了曲线的起始位置。图 4-6 表明了在 β 和 η 相同的情况下，位置参数 γ 对曲线的影响。

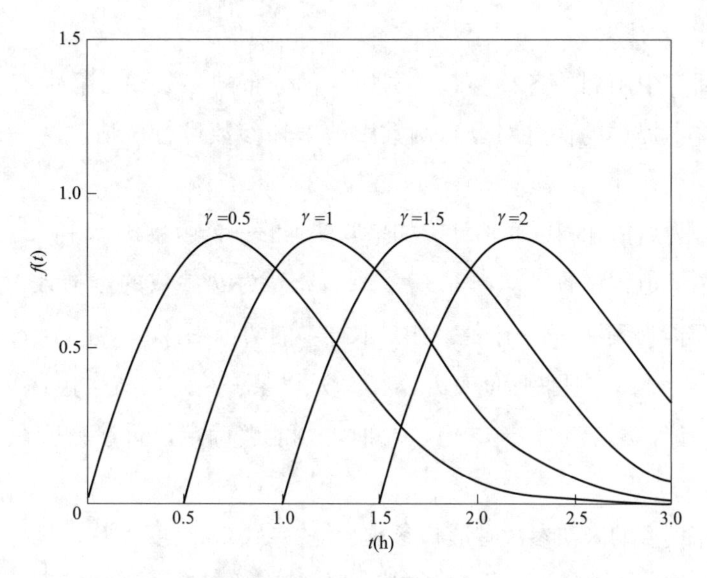

图 4-6 位置参数 γ 对失效概率密度 $f(t)$ 的影响

工程应用过程中经常假设 $\gamma=0$ 的情况，即设备在 $t=0$ 的时刻就有可能发生故障，将原三参数威布尔分布转化为二参数威布尔分布，其失效概率密度函数 $f(t)$、累计失效概率密度函数 $F(t)$、失效率函数 $\lambda(t)$ 分别为

$$f(t)=\frac{\beta}{\eta}\left(\frac{t}{\eta}\right)\exp\left[-\left(\frac{t}{\eta}\right)^{\beta}\right],\ t\geqslant 0 \tag{4-18}$$

$$F(t)=1-\exp\left[-\left(\frac{t}{\eta}\right)^{\beta}\right],\ t\geqslant 0 \tag{4-19}$$

$$\lambda(t)=\frac{\beta}{\eta}\left(\frac{t}{\eta}\right)^{\beta-1},\ t\geqslant 0 \tag{4-20}$$

威布尔分布函数能反映多种机理的设备故障情况，可以描述早期故障、偶然故障分布和损耗性故障特征，因此在可靠性工程中，广泛使用威布尔分布模型来反映设备运行状态的分布规律。同时，风力发电机组是复杂的机电一体化设备，几乎涵盖了从早期故障到损耗故障的各种故障类型，因此选用威布尔分布作为描述风力发电机组故障的模型，可以做到简洁、统一、合理。

4.3.2 威布尔分布模型参数估计方法

1. 参数估计方法

在可靠性研究中用到的各种参数，例如各种分布的参数和可靠性特征量都是未知的，需要应用样本提供的信息对分布函数中的未知参数进行评估，这一过程称为参数估计。

参数估计分为点估计和区间估计。如果取样本的一个函数 $\theta^*(x_1, x_2, \cdots, x_n)$ 作为未知参数的估计值，则称 $\theta^*(x_1, x_2, \cdots, x_n)$ 为 θ 参数的点估计，给定 $x_1, x_2, \cdots, x_n$ 时，就只能得到 θ^* 的一个值。如果取样本的两个函数 ${\theta_1}^*(x_1, x_2, \cdots, x_n)$ 和 ${\theta_2}^*(x_1, x_2, \cdots, x_n)$，且使区间 $({\theta_1}^*, {\theta_2}^*)$ 以某一给定的概率包含 θ，这种形式的估计称为区间估计，给定 $x_1, x_2, \cdots, x_n$ 时，就能够确定位置参数所在的区间 $({\theta_1}^*, {\theta_2}^*)$。

威布尔分布模型的未知参数有形状参数、位置参数和尺度参数，只有掌握这三个参数的具体量化数值，才能通过威布尔分布模型计算有关对应设备的可靠性量化指标。通常将参数估计方法分为图解法和解析法两大类，图解法包括经验分布图法、威布尔概率图法和风险率统计图法等；解析法包括极大似然估计法、最小二乘法和支持向量回归估计法等。本节主要介绍应用解析法的威布尔分布参数点估计方法，包括最小二乘法和支持向量回归估计法。

2. 最小二乘法

线性回归分析是一个优化过程，以回归估计值与观测值之间的偏离程度最小为目标函数。设变量 x 与 y 之间的线性关系表示为

$$y = w \cdot x + b \tag{4-21}$$

需要根据观测数据 $(x_1, y_1), (x_2, y_2), \cdots, (x_n, y_n)$，确定式（4-21）中的参数 w 和 b。用 $\hat{w}$ 和 $\hat{b}$ 表示 w 和 b 的估计值，对每个 x_i $(i=1, \cdots, n)$，可以根据式（4-21）计算回归值，即

$$\hat{y}i = \hat{w} \cdot xi + \hat{b} (i=1, 2, \cdots, n) \tag{4-22}$$

这个回归值 $\hat{y}_i$ 与实际观察值 y_i 之差可以表示为

$$yi - \hat{y}i = yi - \hat{b} - \hat{w} \cdot x_i (i=1, 2, \cdots, n) \tag{4-23}$$

称为损失函数，表达了回归直线 $\hat{y} = \hat{w} \cdot x + \hat{b}$ 与观察值之间的偏离程度，此偏离程度越小，则认为直线与所有试验点拟合得越好。令

$$Q(w, b)=\sum_{i=1}^{n}(y_i-b-wx_i)^2 \tag{4-24}$$

式（4-24）表示所有观察值 y_i 与回归直线 $\hat{y}_i$ 的偏离平方和，它表示了所有观察值与回归直线的偏离度。最小二乘法就是寻找 w 和 b 的估计值 $\hat{w}$ 和 $\hat{b}$ ，使

$$Q(\hat{w}, \hat{b})=\min Q(w, b) \tag{4-25}$$

利用微分方法，求 Q 关于 w 和 b 的偏导数，并令其为零，则有

$$\begin{cases}\dfrac{\partial Q}{\partial w}=-2\sum\limits_{i=1}^{n}(y_i-b-w\cdot x_i)x_i=0\\ \dfrac{\partial Q}{\partial b}=-2\sum\limits_{i=1}^{n}(y_i-b-w\cdot x_i)x_i=0\end{cases} \tag{4-26}$$

整理得

$$\begin{cases}(\sum\limits_{i=1}^{n}x_i)b+(\sum\limits_{i=1}^{n}x_i^2)w=\sum\limits_{i=1}^{n}x_iy_i\\ nb+(\sum\limits_{i=1}^{n}x_i)w=\sum\limits_{i=1}^{n}y_i\end{cases} \tag{4-27}$$

解此方程组得

$$\begin{cases}\hat{b}=\bar{y}-\bar{x}\hat{w}\\ \hat{w}=(\sum\limits_{i=1}^{n}x_iy_i-n\,\overline{xy})/(\sum\limits_{i=1}^{n}x_i^2-n\bar{x}^2)\end{cases} \tag{4-28}$$

其中

$$\bar{x}=\frac{1}{n}\sum_{i=1}^{n}x_i\ ,\ \bar{y}=\frac{1}{n}\sum_{i=1}^{n}y_i$$

若记

$$L_{xy}=\sum_{i=1}^{n}(x_i-\bar{x})(y_i-\bar{y})=\sum_{i=1}^{n}x_iy_i-n\,\overline{xy}$$

$$L_{xx}=\sum_{i=1}^{n}(x_i-\bar{x})^2=\sum_{i=1}^{n}x_i{}^2-n\bar{x}^2$$

则有

$$\begin{cases}\hat{b}=\bar{y}-\bar{x}\hat{w}\\ \hat{w}=L_{xy}/L_{xx}\end{cases} \tag{4-29}$$

根据式（4-15）变换后取对数可得

$$
\begin{aligned}
b &= -\beta \ln \eta \\
w &= \beta
\end{aligned} \tag{4-30}
$$

根据估计值，变形可以得到

$$
\begin{aligned}
\beta &= \hat{w} \\
\eta &= e^{-\frac{\eta}{\beta}}
\end{aligned} \tag{4-31}
$$

然后就可以得到 β 和 η 的估计值。

3. 估计方法的评价标准

为了定量表示应用不同估计方法，对同一试验样本进行拟合的精确程度，统计学中常用均方根误差（*RMSD*）和相对均方根误差（*NRSME*）两种评价指标。

$$
RMSD = \sqrt{\left\{ \sum_{i=1}^{n} \left[\widetilde{F}(t_i) - \hat{F}(t_i) \right]^2 \right\} / n} \tag{4-32}
$$

$$
NRMSE = \sqrt{\frac{\left\{ \sum_{i=1}^{n} \left[\widetilde{F}(t_i) - \hat{F}(t_i) \right]^2 \right\}}{\sum_{i=1}^{n} \widetilde{F}^2(t_i)}} \tag{4-33}
$$

式中：$\widetilde{F}(t_i)$ 为试验样本寿命累积失效概率观 $\hat{F}(t_i)$ 测值，是将参数估计值代入累积失效概率函数得到累积失效概率计算值。

4.4　基于支持向量回归机的威布尔分布模型参数估计

传统的分布模型参数估计需要大量的故障样本数据，而处于投运初期的设备，存在着故障数据积累不足，传统方法不足以精确估计模型参数的问题，这对设备运行可靠性分析提出了挑战。支持向量回归机（support vector regression，SVR）是解决小样本问题的有效手段，本节研究使用支持向量回归机进行威布尔分布模型的参数估计，并以风轮系统故障模型的参数估计为例，建立故障的威布尔分布模型，采用支持向量回归机方法对模型参数进行估计，并与基于最小二乘法的参数估计结果进行对比，验证了基于SVR威布尔分布模型参数估计在风轮系统上的有效性[192-194]。

4.4.1　线性 ε-带支持向量回归机

支持向量回归机以支持向量机为基础，引入损失函数实现参数估计。本书主要引入线性 ε- 带支持向量回归机。设 $\varepsilon > 0$，一个超平面 $y = w \cdot x + b$ 的 ε－带定义为该超平面

沿 y 轴依次上下平移 ε 所扫过的区域

$$\{(x,\ y)\,|\,w\cdot x+b-\varepsilon<y<w\cdot x+b+\varepsilon\} \tag{4-34}$$

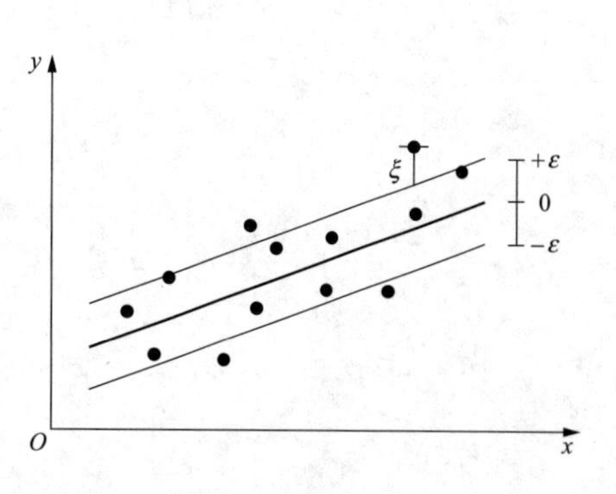

图 4-7 线性 ε-带

如图 4-7 所示，“•”点表示训练样本点，实线表示超平面 $y=w\cdot x+b$，两实线之间的区域是该超平面的 ε- 带，该超平面就是一个 ε- 带超平面。

线性 ε- 带支持向量回归机允许有一些训练点不在 ε- 带内，用惩罚系数来考虑这些点对回归结果的影响。建立优化模型如下

$$\begin{gathered}\min_{w,\ b}\frac{1}{2}\ \|w\|^2+C\sum_{i=1}^{l}(\xi_i+\xi_i^*)\\ w\times x_i+b-y_i\pounds\varepsilon+\xi_i^*\\ y_i-w\times x_i-b\pounds\varepsilon+\xi_i\\ \xi_i,\ \xi_i^*\,30,\ i=1,\ 2,\ L,\ l\end{gathered} \tag{4-35}$$

式中：C 为惩罚系数，取值见式（4-41）；ε 为误差系数，取值见式（4-42）；ξ_i 和 ξ_i^* 为松弛变量，定义如下

$$\left.\begin{aligned}\xi_i&=\max\{0,\ [y_i-f(x_i)-\varepsilon]\}\\ \xi_i^*&=\max\{0,\ [f(x_i)-y_i-\varepsilon]\}\end{aligned}\right.\quad i=1,\ 2,\ \cdots,\ l$$

可以看出，对于第 i 个样本点，ξ_i 和 ξ_i^* 至少有一个为 0。

令 $\xi^{(*)}=(\xi_1,\ \xi_1^*,\ \cdots,\ \xi_l,\ \xi_l^*)^{\mathrm{T}}$，引入 Lagrange 函数，即

$$\begin{aligned}L(w,\ b,\ \xi^{(*)},\ \alpha^{(*)},\ \eta^{(*)})=&\frac{1}{2}\ \|w\|^2+C\sum_{i=1}^{l}(\xi_i+\xi_i^*)-\sum_{i=1}^{l}(\eta_i\xi_i+\eta_i^*\xi_i^*)-\\ &\sum_{i=1}^{l}\alpha_i(\varepsilon+\xi_i+y_i-w\cdot x-b)-\sum_{i=1}^{l}\alpha_i^*(\varepsilon+\xi_i^*-y_i+w\cdot x_i+b)\end{aligned} \tag{4-36}$$

式中：$\alpha^{(*)}$，$\eta^{(*)}$ 为 Lagrange 乘子向量，即

$$\alpha^{(*)}=(\alpha_1,\ \alpha_1^*,\ \cdots,\ \alpha_l,\ \alpha_l^*)^{\mathrm{T}}$$

$$\eta^{(*)}=(\eta_1,\ \eta_1^*,\ \cdots,\ \eta_l,\ \eta_l^*)^{\mathrm{T}}$$

构造并求解

$$\min_{\alpha^{(*)}\in R^{2n}} \frac{1}{2}\sum_{i,\ j=1}^{l}(\alpha_i^* - \alpha_i)(\alpha_j^* - \alpha_j)(x_i,\ x_j) +$$

$$\varepsilon\sum_{i}^{l}(\alpha_i^* + \alpha_i) - \sum_{i}^{l} y_i(\alpha_i^* - \alpha_i) \tag{4-37}$$

$$\sum_{i=1}^{l}(\alpha_i - \alpha_i^*) = 0,\quad 0 \leqslant \alpha_i^{(*)} \leqslant C,\ i = 1,\ \cdots,\ l$$

得最优解

$$\bar{\alpha}^{(*)} = (\bar{\alpha}_1,\ \bar{\alpha}_1^{\ *},\ \cdots,\ \bar{\alpha}_n,\ \bar{\alpha}_n^{\ *})^{\mathrm{T}}$$

分别计算 $\hat{w}$ 和 $\hat{b}$ 。

$$\hat{w} = \sum_{i=1}^{n}(\bar{\alpha}_i^* - \bar{\alpha}_i)x_i \tag{4-38}$$

选取 $\bar{\alpha}^{(*)}$ 的位于开区间（0，C）的 $\bar{\alpha}_j$ 或 $\bar{\alpha}_k^*$ 分量，计算 $\hat{b}$

$$\hat{b} = y_j - \sum_{i=1}^{n}(\bar{\alpha}_i^* - \bar{\alpha}_i)(x_i \cdot x_j) + \varepsilon \tag{4-39}$$

或

$$\hat{b} = y_k - \sum_{i=1}^{n}(\bar{\alpha}_i^* - \bar{\alpha}_i)(x_i \cdot x_k) - \varepsilon \tag{4-40}$$

4.4.2 支持向量回归机参数选择

支持向量回归机的参数选择是一个优化过程，惩罚系数 C 、误差系数 ε 等的选择决定了支持向量机学习能力的优劣。本书采用 Cherkassky 提出的方法确定支持向量机的参数[195]。

惩罚系数 C 的计算式为

$$C = \max(|\bar{y} + 3\sigma_y|,\ |\bar{y} - 3\sigma_y|) \tag{4-41}$$

式中：$\bar{y}$ 和 σ_y 分别为训练样本（y_1，y_2，…，y_l）的均值和其标准差。

误差系数 ε 的计算式为

$$\varepsilon = 3\sigma\sqrt{\ln n / n} \tag{4-42}$$

式中：n 为训练样本数量；σ 为噪声标准偏差，一般取 0 ～0.2。

4.4.3 估计精度的评价

采用统计学中的相对均方根误差（$NRSME$）对不同参数估计方法的精度进行定量评估。相对均方根误差（$NRSME$）定义为

$$NRMSE=\sqrt{\frac{\sum_{i=1}^{n}\left[\widetilde{F}(t_i)-\hat{F}(t_i)\right]^2}{\left\{\sum_{i=1}^{n}\widetilde{F}^2(t_i)\right\}}} \tag{4-43}$$

式中：$\widetilde{F}(t_i)$ 为试验样本寿命累积失效概率观测值；$\hat{F}(t_i)$ 为将参数估计值代入累积失效概率函数得到的累积失效概率计算值。

4.4.4 应用实例

以张北坝头风电场一期 33 台 1500kW 双馈异步式风力发电机组为例进行方法有效性验证。首先，对风轮系统的 176 次故障时间间隔样本数据进行线性化处理并计算所得 x 与 y 之间的相关系数 ρ，结果如图 4-8 所示的散点。

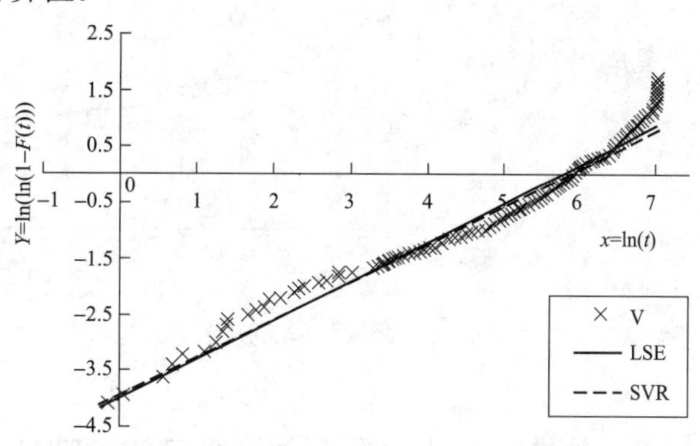

图 4-8 全部数据线性化后 LSE 与 SVR 拟合结果

$$\rho=\frac{\sum_{i=1}^{n}x_iy_i-n\bar{x}\cdot\bar{y}}{\left[\left(\sum_{i=1}^{n}x_i^2-n\bar{x}^2\right)\cdot\left(\sum_{i=1}^{n}y_i^2-n\bar{y}^2\right)\right]^{1/2}}=0.982\approx 1$$

根据计算结果可以得出，处理后的数据非常接近于线性关系。

分别对线性化后的风轮系统故障数据运用最小二乘参数估计法（LSE）及基于支持向量回归机的参数估计方法（SVR）进行拟合，结果如图 4-8 所示。根据拟合曲线计算得到的威布尔分布形状参数和位置参数列于表 4-1，并同时列出参数识别的相对均方根误差值。可以看出，使用 LSE 和 SVR 两种方法所得的 β 和 η 的估计值基本一致，从 *NRSME* 的值来看，SVR 的误差小于 LSE 的误差，说明 SVR 可以实现 LSE 的参数估计效果，甚至可以得到优于 LSE 的效果。

表 4-1　　全部故障数据在两种方法下的估计结果比较

参数	LSE	SVR
β	0.691 0	0.669 1
η	336.142 3	370.064 0
NRMSE	0.079 1	0.077 0

根据识别的形状参数和位置参数，做出风轮系统的失效率曲线如图 4-9 所示。从失效率曲线模式上可以判断风轮系统为早期故障类型（形状参数 $\beta < 1$）。用两种拟合方法得到的失效率曲线趋势相同，但略有差别。

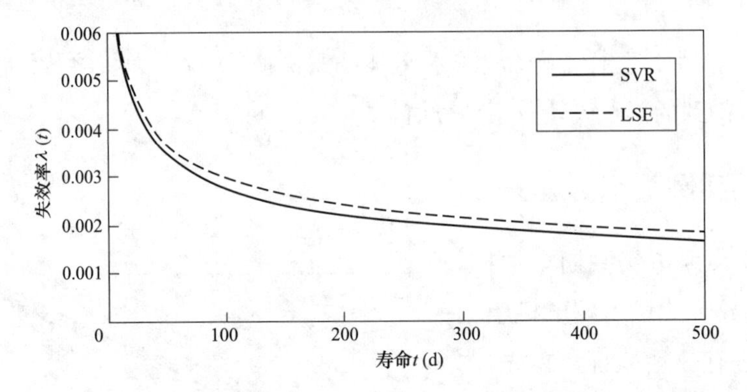

图 4-9　全部数据 LSE 与 SVR 估计所得失效率曲线

4.4.5　样本量大小对参数估计精度的影响分析

为了观察投运时间长度对设备故障模式的影响，将风轮系统运行六年的故障数据分成 6 组，每组数据分别包含自投运时间开始一年内、两年内、三年内、四年内、五年内以及六年内的故障数据。对各组故障数据分别使用 LSE 方法和 SVR 方法进行威布尔分布形状参数 β 和位置参数 η 参数估计，并计算均方根误差（*NRSME*）。6 组数据的 β 参数估计结果如图 4-10 所示，*NRSME* 结果如图 4-11 所示。

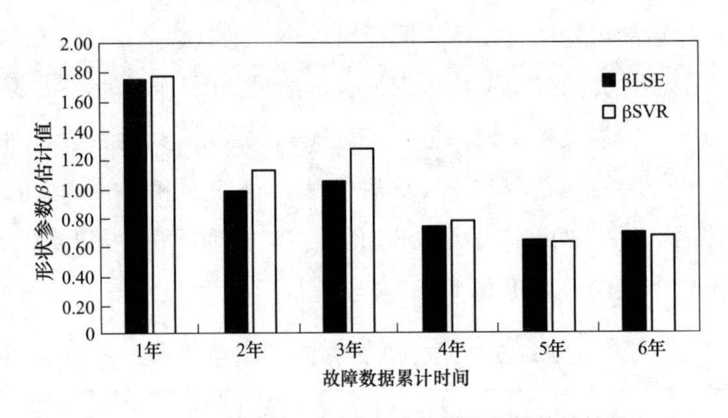

图 4-10　不同数据组两种方法下形状参数估计结果

从图 4-10 中可以看出，在该批风力发电机组投运早期，风轮故障数据相对较少，威布尔分布形状参数的估计结果波动较大；随着运行时间的延长，故障数据不断积累，形状参数估计值逐渐稳定在 0.6 附近。两种拟合方法的估计结果也逐渐接近。

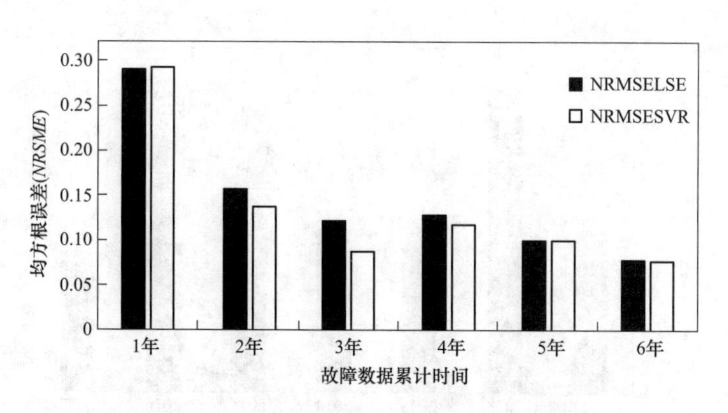

图 4-11　不同数据组两种方法下均方根误差

从图 4-11 中可以看出，参数估计误差随着故障数据样本量的增大有着逐步降低的趋势。同时，从不同累计时间来看，SVR 方法的参数估计误差普遍小于 LSE 方法的参数估计误差，说明相比于 LSE 方法，SVR 方法普遍具有稍高的准确性。在样本量较少和样本量较多的情况下，两种方法的参数估计误差非常相近，在样本量介于较少和较多之间时，参数估计误差会有较大区别。具体在样本量为多少时，两方法的误差相差较大，有待进一步研究。

分别采用最小二乘法和支持向量回归机方法对张北坝头风电场风轮系统故障数据的威布尔分布参数进行估计，并分析了投运时间（即累积故障样本数量）对估计结果的影响。其结果表明：两种方法的参数估计结果相近，所确定的风轮系统故障模式相同，但是支持向量回归机方法的参数估计精度较高。

在风力发电机组群投运早期，数据相对较少，两种方法的威布尔分布形状参数的估计结果波动都较大；随着运行时间的延长，故障数据不断积累，形状参数估计值逐渐趋于稳定，两种拟合方法的估计结果也逐渐接近。在设备投运早期故障数据较少时，支持向量回归机的参数估计精度较高，但随着投运时间的增长，故障数据量不断积累，两种方法的估计结果逐渐趋于一致。因此支持向量回归机更适合早期故障分布参数的估计。

4.5　风力发电机组可靠性实例分析

张北坝头风电场风力发电机组的可靠性指标计算结果分别以机组和子系统（或者子系统和部件）两个级别，以宏观和微观两个角度进行呈现。

4.5.1　风力发电机组宏观可靠性指标

张北坝头风电场风力发电机组平均无故障间隔时间随投运时间变化如图 4-12 所示。

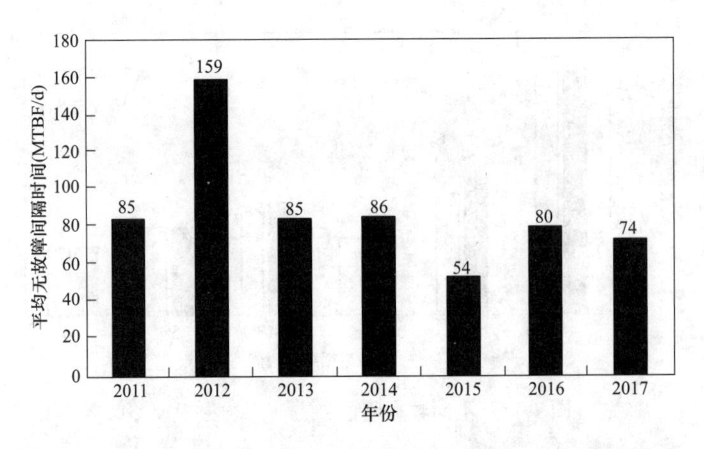

图 4-12　风力发电机组平均无故障时间间隔随投运时间变化

从图 4-12 可以看出张北坝头风电场风力发电机组平均无故障间隔时间随着投运时间的增加而逐渐缩短，说明风力发电机组随着投运时间的增加，设备的故障率还是有一定增加。

张北坝头风电场风力发电机组可用系数随投运时间变化如图 4-13 所示。

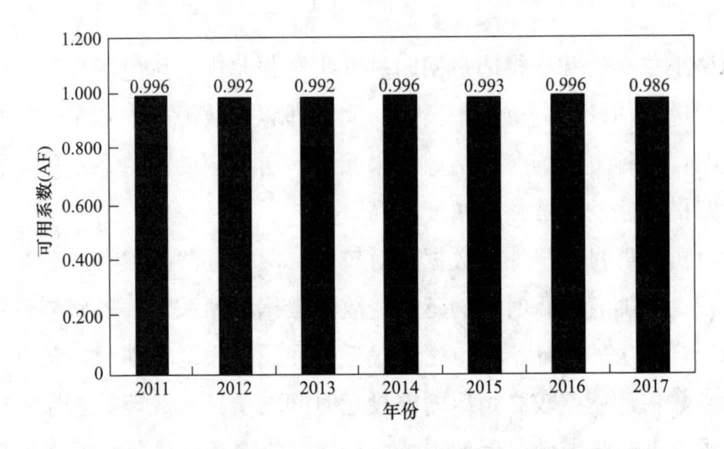

图 4-13　风力发电机组可用系数随投运时间变化

从图 4-13 可以看出张北坝头风电场风力发电机组整体可用系数保持在较高水平。但图 4-13 说明两个问题：一是由于风电场风力发电机组数量较大，单台设备的故障不可用对于整个风电场的影响较小；二是由于可用系数计算直接来源于风力发电机组厂家 SCADA 数据，通过与前项数据对比发现，反映设备厂家 SCADA 系统对风力发电机组故障情况统计还存在误差。

张北坝头风电场风力发电机组非计划停运系数随投运时间变化如图 4-14 所示。

张北坝头风电场风力发电机组非计划停运发生率随投运时间变化如图 4-15 所示。

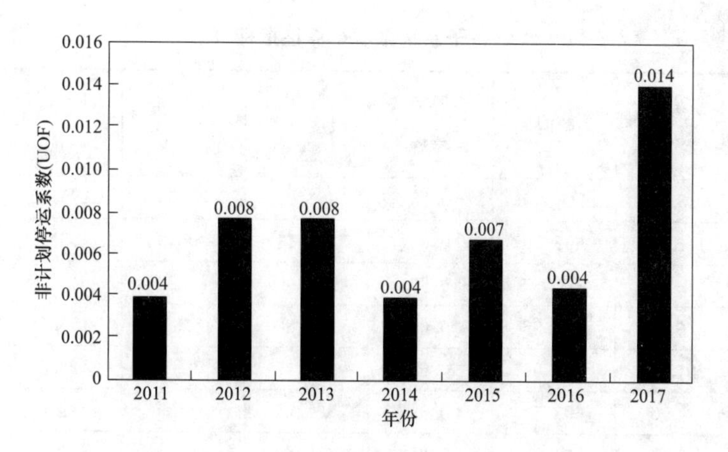

图 4-14 风力发电机组非计划停运系数随投运时间变化

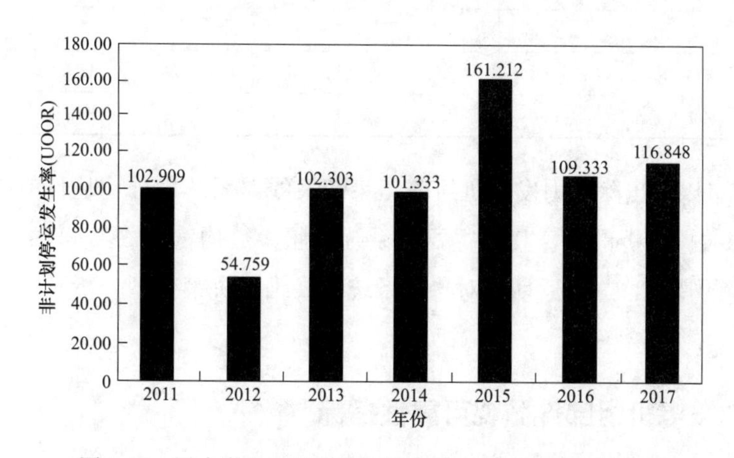

图 4-15 风力发电机组非计划停运发生率随投运时间变化

从图 4-14 和图 4-15 可以看出，张北坝头风电场非计划停运系数和非计划停运发生率变化情况未能明显呈现出与投运时间长短的趋势变化。但是通过将图 4-14 和图 4-15 合并来看，风力发电机组非计划停运系数也未能和非计划停运发生率呈现明显的对应关系。因此，通过对数据分析发现，风力发电机组故障发生频率和故障造成影响存在较大差异，有些故障虽然频繁发生，但是造成故障停机的时间较短，影响较小；而有些故障虽然发生频次较小，但是一次故障带来的停机影响较大。这些数据为下一步开展设备重要度评价分析和维修决策提供了很好的数据支撑。

4.5.2 风力发电机组子系统级微观可靠性指标

张北坝头风电场风力发电机组各子系统级微观可靠性指标见表 4-2。

表 4-2　各子系统微观可靠性指标

系统名称	系统故障次数	平均故障间隔时间（h）	形状参数	尺度参数	$t(R=0.9)$（h）	$t(R=0.5)$（h）	$t(R=0.368)$（h）
主控系统	219.00	500.05	0.75	483.08	23.65	295.55	482.86
传动系统	117.00	665.90	0.82	772.61	49.23	493.41	772.30
偏航系统	64.00	1033.79	0.69	1089.62	42.22	641.72	1089.11
发电机系统	478.00	327.96	0.66	271.88	8.85	155.64	271.75
变频器系统	301.00	297.96	0.62	223.57	5.81	123.37	223.45
机舱塔筒系统	43.00	683.32	0.69	821.24	31.33	482.44	820.85
润滑冷却系统	165.00	584.29	0.81	618.63	38.77	394.02	618.38
液压系统	55.00	872.46	1.03	1016.15	115.08	712.67	1015.82
线路系统	1.00	1119.36					
风轮系统	437.00	324.90	0.73	305.55	13.99	184.91	305.42
其他	99.00	640.60	0.72	604.47	26.44	363.10	604.20

从表 4-2 可以看出除风力发电机组液压系统及线路系统以外，从目前张北坝头风电场的实际故障数据分析得出，其余主要子系统形状参数均符合 $\beta<0.9$ 的特性，即满足设备早期故障的特点，这为后期针对各子系统开展维修决策模型分析时提供了重要的形状参数。

4.5.3　风力发电机组部件微观可靠性指标

张北坝头风电场风力发电机组部分部件级微观可靠性指标见表 4-3。

表 4-3　部分部件微观可靠性指标

部件名称	部件故障次数	平均故障间隔时间（d）	形状参数	尺度参数	$t(R=0.9)$（h）	$t(R=0.5)$（h）	$t(R=0.368)$（h）
Crowbar	30	613.512	0.687	559.507	21.097	328.057	559.240
保险（125A）	39	939.469	0.887	1113.068	87.959	736.210	1112.657
保险（350A）	96	608.398	0.850	630.796	44.620	409.762	630.553
保险（8A）	40	838.220	0.560	994.406	17.938	517.078	993.825
变频器	48	872.142	0.503	844.227	9.663	407.640	843.677
变频器检测板（机侧）	6	805.038	0.534	1118.060	16.553	562.967	1117.374
变频器检测板（网侧）	4	1259.163	4.425	1377.491	828.396	1268.000	1377.389

续表

部件名称	部件故障次数	平均故障间隔时间（d）	形状参数	尺度参数	$t(R=0.9)$ (h)	$t(R=0.5)$ (h)	$t(R=0.368)$ (h)
变频器驱动板（网侧）	2	898.479	0.702	1147.619	46.414	680.609	1147.084
变频器通讯板（机侧）	3	1013.389	0.409	1281.366	5.254	523.456	1280.341
变频器通讯板（网侧）	2	843.865	3.053	950.113	454.616	842.628	950.011
定子接触器	6	492.944	0.327	482.798	0.495	157.368	482.314
滤波电阻	39	977.495	0.928	1192.285	105.607	803.398	1191.864
水管（变频器系统）	8	720.600	0.381	823.732	2.241	314.762	823.024
网侧接触器	6	670.936	1.609	789.944	194.991	628.986	789.783
线路（变频器系统）	20	1046.744	0.743	1486.726	72.048	908.079	1486.071
预充电整流器	8	732.965	1.600	837.267	205.155	665.866	837.095
刹车片（高速轴）	29	579.345	2.033	720.394	238.144	601.553	720.277
刹车片磨损检测传感器	3	649.708	1.214	800.383	125.336	591.770	800.167
齿轮箱	5	841.232	0.343	619.810	0.879	212.984	619.218
齿轮箱端盖	1	803.382					
润滑油（传动系统）	27	836.472	0.522	986.191	13.213	488.558	985.572
温控阀	24	846.602	1.289	922.488	160.911	694.138	922.253
线路（传动系统）	11	1136.235	0.498	1945.171	21.199	931.764	1943.891
保险	5	1111.858	1.242	1387.460	226.642	1032.911	1387.094
保险（2A）	33	853.951	0.553	969.915	16.529	499.694	969.340
编码器	3	1817.370	7.901	1916.699	1441.631	1829.815	1916.620
润滑油脂	16	1502.104	2.585	1723.532	721.798	1495.735	1723.313
编码器（发电机系统）	45	975.364	0.619	1151.862	30.447	637.411	1151.253
发电机	189	634.831	0.759	771.877	39.802	476.248	771.544
发电机碳刷	91	546.299	0.739	570.139	27.174	347.294	569.886
发电机轴承	49	1023.890	0.893	1253.583	100.777	831.470	1253.123
集电环	48	549.962	0.571	460.012	8.948	242.154	459.748
接地环	19	598.897	1.836	683.042	200.460	559.414	682.920

从表4-3可以看出，从目前张北坝头风电场的实际故障数据分析得出，虽然从主要部件可靠性指标分析数据来看，除风力发电机组液压系统及线路系统外，其余形状参数均符合$\beta<0.9$的特性，即满足设备早期故障的特点。但是针对各设备子系统内部的具体部件，其微观可靠性指标分别对应于明显损耗、一定损耗、随机故障、早期故障情况，这一情况说明在对待风力发电机组系统维修决策和系统内部件维修决策中将出现较大差异，需要考虑更多因素予以分析。

4.6 本章小结

本章针对风力发电机组可靠性量化分析的要求，对当前设备可靠性分析方法进行了梳理和研究，针对风力发电机组实际情况，提出了基于支持向量回归机的威布尔分布模型分析方法，具体研究成果有以下4个方面：

(1) 针对风电场投运初期的故障积累数据少，提出将支持向量回归机应用于风力发电机组子系统及部件故障威布尔分布参数识别的改进拟合算法，提高了分布参数值的计算精度；

(2) 根据风力发电机组运行特点和故障特征，设计了失效率模型的实用量化分类方法，确定了部件失效率模式；

(3) 对于风力发电机组子系统和部件发生劣化失效的过程系统分析，提出了基于可靠度衰减曲线的维修时间间隔确定方法，为下一步的维修决策提供有力的依据；

(4) 通过对实际风电场内运行的风力发电机组数据，建立了可靠性指标与FMECA分析的对应表，为RCM理论在风电场实际应用提供了有力保证。

5 风力发电机组设备重要度分析模型

5.1 概　　述

当前风力发电机组维修决策方式是以定期维护和事后维修相结合为主，按照风力发电机组厂家提供的维护说明开展定期维护工作，结合现场运维人员的个人经验开展简单的设备维修决策。由于运维人员大量精力消耗在被动维修和大量无差别维护工作中，缺乏对设备运行状态的科学系统分析，也使得设备维修决策工作缺乏科学有效数据的支撑，现场风力发电机组过修和欠修的现象时有发生。

风力发电机组是一个集合机械技术和电气技术且自动化程度极高的复杂发电设备系统。风力发电机组整个功能的实现涉及多个子系统的保证，而这些子系统的技术特点和设备运行工况特点各不相同，对于风力发电机组整体功能实现的影响因素也各不相同。每个子系统中的部件对子系统的功能影响因素也各不相同，因此风力发电机组维修策略的制定建立在对风力发电机组各子系统及部件重要度评估基础上，能有效降低设备维修的盲目性，提高风力发电机组的可靠性，降低风力发电机组运行成本和维修费用。

5.2 风力发电机组设备重要度分析

风力发电机组是处于不同工作环境和具有不同功能的各类设备高度集成的复杂系统，其组成部件种类繁多、功能不一，各部件对机组功能实现定有“轻重缓急”之分[22]。对设备进行重要度分析，是对部件及其故障认识的高度凝练与概括，从全局视野认知设备及其风险，实现对各个部件基于重要度（综合设备可靠性、经济性、监测性以及维修性）的分类，确定设备重要度等级，为检修维护工作奠定坚实的基础。

如果对于风力发电机组中的所有部件都进行 RCM 分析，不仅工作量大，而且经济性也较低。某些设备即使在发生故障时其影响也较小，无需采取预防性维修。因此在进行 RCM 分析之前，需要对各个部件的重要度进行评估，筛选出其中的重要部件，而对于非重要部件通常采取事后维修或维持其现有的维修方式来保持其可靠性即可。

目前，对于工业领域设备的重要度分析方法较多，主要有日本乘数法、Fuzzy 聚类方法和模糊综合评判法等方法[196]。日本乘数法采用经典数学分析方法，对于风力发电机组这类复杂机电设备系统难以适用。而基于 Fuzzy 聚类、模糊综合评判的设备重要度分析方法又存在需要大量人工主观分析参数、计算参数复杂等缺点[196]。蒙特卡洛方法具有对随机问题进行概率求解的特点，适合风力发电机组这种需要进行长周期数据分析，并且对于试验数据无法开展精确定量化分析的情况提供了较好的解决方法。基于此，本书提出基于蒙特卡洛法的风力发电机组子系统及部件重要度分析方法，首先，对风力发电机组重要度的影响因素进行分析，对 RCM 理论中的影响因素进行整合和简化，提炼出 9 项主要影响因素，设计了各个影响因素的权重分值；然后建立了基于蒙特卡洛方法的风力发电机组重要度分析模型，提出了确定影响因素权值的方法；最后通过风电场实际故障数据，对该方法进行验证，分别进行了 11 个子系统和 13 个关键部件的重要度分析，结果表明所提出的重要度分析方法比较符合实际风力发电机组的情况。

5.2.1 风力发电机组重要度影响因素

根据 RCM 分析理论，影响复杂机电设备重要度的主要因素有[197-199]：失效对人员和环境安全性影响、失效对系统功能的影响、是否有备用设备、失效对相关设备的影响程度、失效频率、运行条件、维修费用、设备类型、失效引起的生产损失、可监测性、停运时间、是否有备件、维修难易程度等。为更好地对风力发电机组各设备系统及具体设备重要度进行分析，减小整个系统分析复杂性，突出反映目前风力发电机组实际运行过程中发现的一些关联性较强的因素，结合目前风电场实际运行情况，对以上相关设备因素进行整合和归并，得出以下四大类影响设备重要度的因素：

（1）可靠性因素，包括对人员和环境安全性影响、失效对设备系统功能的影响、失效频率等；

（2）经济性因素，包括维修费用、失效引起的生产损失等；

（3）监测性因素，是否配备了设备运行状态监测手段（SCADA 系统、CMS 系统等）、采用何种监测方法（在线、离线）等；

（4）维修性因素（包括停运时间、维修难易程度）。

在各项重要度影响因素分析中，为了降低风力发电机组设备重要度分析的复杂性，并兼顾分析的准确性，本书将上述四类影响因素进行细分，归纳成 9 个具体的影响因素，对每个影响因素分为 4～5 个等级，已达到容易实现量化描述的目的。根据前期对张北坝头风电场风力发电机组设备信息的全面梳理，以及对相应故障数据的全面统计，初步确定各因素中各个等级的分值，并可根据设备信息和故障数据的动态统计分析，不断形成闭环反馈和修正，实现各参考因素影响分值的动态变化。根据以上影响因素的分析，可得到风力发电机组中各子系统及部件对应影响因素的权重及评分标准。

1. 失效对人员和环境安全性的影响

该因素主要考虑设备故障对人身安全威胁、对环境污染（包括噪声、油污、电磁辐射）等方面的影响，相应的评价标准见表 5-1。

表 5-1　失效对人员和环境安全性影响评价标准

编号	人身安全影响	分值
1	对人身生命安全产生极其严重威胁	100
2	对人身生命安全产生严重威胁	80
3	对人身生命安全产生一般威胁	60
4	对人身生命安全产生轻微威胁	30
5	对人身生命安全几乎无威胁	10

2. 失效对系统功能的影响

该因素主要考虑在风力发电机组运行过程中，设备失效后对系统功能和性能的影响，并且考虑设备是否有备用，综合考虑影响评价，其评价标准见表 5-2。

表 5-2　失效对系统功能的评价标准

编号	故障对系统功能的影响	分值
1	系统功能彻底消失	100
2	系统功能基本消失	90
3	系统功能显著削弱	70
4	对人身生命安全产生轻微威胁	50
5	对人身生命安全几乎无威胁	10

3. 风力发电机组失效对维修费用影响

该因素综合考虑设备的复杂程度、备品备件费用相关问题，该因素评价标准详见表 5-3。

表 5-3　维修费用影响的评价标准

编号	设备复杂/重要程度	分值
1	极其高	100
2	高	90
3	中等	70
4	低	50

4. 失效对停运损失影响

此因素主要考虑设备停机造成风力发电机组运行方式发生改变的影响，以及相应备用设备费用及设备停运导致的相应经济损失。该评价标准详见表5-4。

表5-4　停运损失影响的评价标准

编号	停机损失	分值
1	极其高	100
2	高	80
3	一般	60
4	低	30
5	很低	10

5. 可监测性影响

此因素主要考虑风力发电机组设备状态监测技术和手段的可应用情况，同时充分考虑设备状态监测所需要的技术水平和监测所需花费的情况。该因素评价标准详见表5-5。

表5-5　可监测性影响评价标准

编号	监测技术要求	监测费用花销高	监测费用花销低
1	极其高	100	60
2	高	90	50
3	中等	70	30
4	低	50	10

6. 停机时间影响

此因素主要考虑风力发电机组结构类型及容量打下，设备内的介质种类与电压等级、维修内容等，停机时间包括从设备停机到维修、调试、重新投运的所有时间。该因素评价标准见表5-6。

表5-6　停机时间影响评价标准

编号	停机时间（d）	分值
1	＞30	85～100
2	20～30	60～85
3	10～20	30～60
4	2～10	10～30
5	＜2	0～10

7. 检修维护难易程度影响

因为风力发电机组重要度分析是为开展设备检修维护服务的，所以检修维护难易程度是一个评价设备重要程度的重要因素。但是对于这一因素评价标准存在较大难度，必须综合考虑风电场多种实际因素，如风力发电机组类型及技术特性、风力发电机组所处资源和地理环境、风电场人员技术水平等，因此为确保该因素评价的客观性和符合性，具体评分通过对现场运维人员的实际走访和调研进行确认，同时可根据实际情况进行动态反馈调整。该因素评价标准详见表5-7。

表5-7　　检修维护难易程度影响评价标准

编号	设备更换（拆卸）容易程度	设备复杂程度	外部环境条件	无备用	有备用
1	极难	极其高	极恶劣	100	85
2	难	高	恶劣	90	75
3	中等	中等	中等	60	40
4	易	低	好	40	10

8. 失效频度的影响

这一因素主要之设备的故障发生频率，主要结合设备运行的历史数据，根据运维人员的实际设备管理感受进行填写，评价因素标准见表5-8。

表5-8　　失效频率影响评价标准

编号	故障发生频率	分值
1	极低	85～100
2	较低	60～85
3	中等	30～60
4	较高	10～30
5	很高	0～10

9. 备品备件供应及时性

此因素主要描述设备风力发电机组系统各相关备品备件供应及时性评价，根据现场运维人员实际管理感受进行评价，评价标准见表5-9。

表5-9　　备品备件供应及时性影响评价标准

编号	备品备件供应及时性	分值
1	非常及时	85～100
2	较及时	60～85

续表

编号	备品备件供应及时性	分值
3	基本满足要求	30～60
4	偶尔滞后	10～30
5	经常滞后	0～10

根据风电场实际运维经验，在认真分析风力发电机组运行特点的前提下，优化了传统设备重要度评价的8个因素，按照风力发电机组实际情况及特点，对各影响因素的等级重新进行划分，增加了第9个因素，即风力发电机组相关部件的备品备件供应及时性因素，因为该因素目前也是目前风电场实际运行过程中影响风力发电机组运行的关键因素之一。

5.2.2 基于蒙特卡洛方法的风力发电机组重要度分析模型

1. 评价指标及权重确定

在确定各影响评价因素的基础上，可以采用线性加权数学模型计算风力发电机组系统及部件的重要度评价指数，计算公式为

$$Index = m_1\alpha_1 + m_2\alpha_2 + m_3\alpha_3 + m_4\alpha_4 + m_5\alpha_5 + m_6\alpha_6 + m_7\alpha_7 + m_8\alpha_8 + m_9\alpha_9 = \sum_{i=1}^{9} m_i a_i \tag{5-1}$$

式中：α_i 为第 i 种因素的权重；m_i 为第 i 种因素的评分（排序及评分值见表5-1～表5-9）；i 为影响因素序号。

由式（5-1）可以看出，重要度评价过程中评价指数对权重有较高的敏感性，因此，评价权重极为重要，这里采用层次法分析予以确定[200-202]。层次法分析的内容及步骤如下：

（1）构造判断矩阵。设被分析对象（风力发电机组）有 n 个评价因素，各个因素之间的相对重要度可以用如下判断矩阵表示

$$\boldsymbol{D} = \begin{bmatrix} u_{11} & u_{12} & \cdots & u_{1n} \\ u_{21} & u_{22} & \cdots & u_{2n} \\ \vdots & \vdots & & \vdots \\ u_{n1} & u_{n2} & \cdots & u_{nn} \end{bmatrix} \tag{5-2}$$

矩阵中的元素 u_{ij} 表示 i 个评价因素对第 j 个评价因素的相对重要度。u_{ji} 表示第 j 个评价因素对第 i 个评价因素的相对重要度，u_{ji} 其取值为 u_{ij} 的倒数。相对重要度取值可参考表5-10。

表 5-10 相对重要度取值参考表

重要度取值	含　义
1	同等重要
3	稍重要
5	相当重要
7	非常重要
9	极端重要
2，4，6，8	上述等级之间的情况

（2）计算风力发电机组重要度排序。计算判断矩阵 D 的最大特征根 λ_{max}，代入齐次线性方程组

$$\begin{cases}(u_{11}-\lambda)w_1+u_{12}w_2+\cdots+u_{1n}w_n=0\\ u_{21}w_1+(u_{22}-\lambda)w_2+\cdots+u_{2n}w_n=0\\ \cdots\\ u_{n1}w_1+u_{n2}w_2+\cdots+(u_{nn}-\lambda)w_n=0\end{cases} \tag{5-3}$$

解出 $w_1, w_2, w_3, \cdots, w_n$，得到最大特征根 λ_{max} 对应的特征向量

$$W=(w_1,\ w_2,\ \cdots,\ w_n)$$

即为各影响因素的权重。这样就将影响风力发电机组运行的各定性因素指标实现了定量化反映。通过这些权重数据的大小，对各影响因素的优先级进行计算排序。

（3）一致性检验。按式（5-4）进行一致性检验

$$CR=CI/RI \tag{5-4}$$

式中：CR 为判断矩阵的随机一致性比率；CI 为判断矩阵的一般一致性指标，其值 $CI=(\lambda_{max}-n)/(n-1)$；$RI$ 为判断矩阵的平均随机一致性指标，对于 1～9 阶判断矩阵，RI 的取值见表 5-11。

表 5-11 **RI** 取值表

N	1	2	3	4	5	6	7	8	9
RI	0.00	0.00	0.58	0.90	1.12	1.24	1.32	1.41	1.45

当 $CR<0.1$ 时，即认为当前判断矩阵计算结果具有满意的一致性，说明权重数分配的是合理的；反之则需要调整判断矩阵，直到计算取得满意的一致性。

2. 蒙特卡洛方法

蒙特卡洛方法又被称作统计模拟试验方法或随机模拟试验方法，它是以统计抽样理论为基础，以计算机辅助计算为手段，通过对有关随机变量的统计抽样检验或随机模

拟，估计和描述函数的统计量情况，求解问题近似解的一种数值计算方法[203]。该方法既可以对随机性问题进行求解，又可以对有关确定性问题进行求解。蒙特卡洛方法处理实际问题的基本流程是构造概率模型、定义随机变量、通过模拟计算得到子样、统计计算。

计算过程中，权重由（0，1）分布的均匀随机发生器产生，产生的一组权重最大值分配给优先级最高的影响因素，最小值分配给优先级最低的影响因素，其余影响因素按此规则进行计算和分配，然后按照式（5-1）计算风力发电机组各子系统及部件的重要度评价指数，并将各子系统和部件的重要度评价指数大小进行有效排序，经抽样计算后，实施蒙特卡洛统计计算分析，从而确定风力发电机组内各子系统或部件的重要度排序。

应用蒙特卡洛方法进行风力发电机组各子系统和部件重要度评价，通过不断优化和完善各重要度评价因素权重，使得各子系统和部件重要度排序的鲁棒性增强，进而进一步降低风力发电机组子系统和部件重要度评价的人为干扰影响。

蒙特卡洛方法实施流程框图如图 5-1 所示。

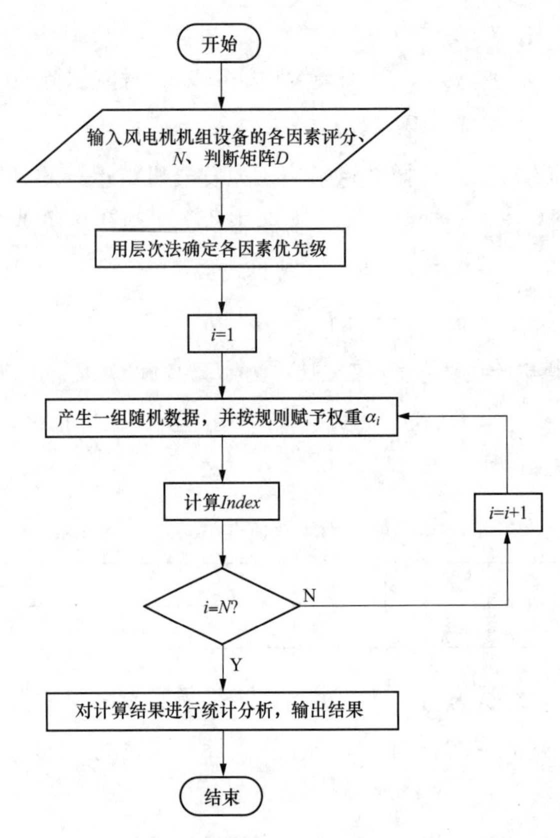

图 5-1　蒙特卡洛分析流程图

5.2.3 对风力发电机组子系统级、部件级重要度分析实例

1. 各影响因素权重分配及优先级排序实例

对张北坝头风电场所有风力发电机组进行重要度评价。根据设备各个风力发电机组技术图纸资料、SCADA运行数据、日常运行维护、维修历史记录以及相关设备数据，按照上一节的评分标准对风电场内所有风力发电机组的影响评价因素进行打分。

通过与现场运行人员和运维人员交流讨论，得到各因素权重的判断矩阵，见表5-12。

表 5-12 各影响因素权重判断矩阵

	失效对人员的环境安全性的影响	失效对系统功能的影响	维修费用	停运损失	可监测性	停机时间	检修维护难易程度	失效频率	备品备件供应及时性
失效对人员的环境安全性的影响	1	3	2	1	1/2	1/6	1/2	1/3	1/3
失效对系统功能的影响	1/3	1	1/2	1/3	1/4	1/9	1/4	1/5	1/5
维修费用	1/2	2	1	1/2	1/3	1/7	1/2	1/4	1/4
停运损失	1	3	2	1	1/2	1/6	1	1/2	1/3
可监测性	2	4	3	2	1	1/4	2	1	1/2
停机时间	6	9	7	6	4	1	5	4	3
检修维护难易程度	2	4	2	1	1/2	1/5	1	1/2	1/2
失效频率	3	5	4	2	1	1/4	2	1	1
备品备件供应及时性	3	5	4	3	2	1/3	2	1	1

矩阵中各值依次对应失效对人员环境安全性影响、失效对系统功能的影响、维修费用影响、停运损失影响、可监测性影响、停机时间影响、检修维护难易程度影响、失效

频率影响、备品备件供应及时性影响 9 个因素间的相对重要度。

将表 5-12 中的数据代入判断矩阵式（5-2），得到判断矩阵为

$$
\boldsymbol{D}=\begin{bmatrix}
1 & 3 & 2 & 1 & 1/2 & 1/6 & 1/2 & 1/3 & 1/3 \\
1/3 & 1 & 1/2 & 1/3 & 1/4 & 1/9 & 1/4 & 1/5 & 1/5 \\
1/2 & 2 & 1 & 1/2 & 1/3 & 1/7 & 1/2 & 1/4 & 1/4 \\
1 & 3 & 2 & 1 & 1/2 & 1/6 & 1 & 1/2 & 1/3 \\
2 & 4 & 3 & 2 & 1 & 1/4 & 2 & 1 & 1/2 \\
6 & 9 & 7 & 6 & 4 & 1 & 5 & 4 & 3 \\
2 & 4 & 2 & 1 & 1/2 & 1/5 & 1 & 1/2 & 1/2 \\
3 & 5 & 4 & 2 & 1 & 1/4 & 2 & 1 & 1 \\
3 & 5 & 4 & 3 & 2 & 1/3 & 2 & 1 & 1
\end{bmatrix}
$$

从而得到判断矩阵 D 的最大特征根 $\lambda_{\max}=9.188\ 1$，通过计算判断矩阵一般一致性指标 CI，$CI=(9.1881-9)/(9-1)=0.023\ 5$，判断矩阵的平均随机一致性指标 RI，$RI=1.45$；从而得到判断矩阵的随机一致性比率 $CR=CI/RI=0.023\ 5/1.45=0.016\ 2<0.1$，因此判断矩阵具有满意一致性。通过计算得到 9 个因素间的权重分配及优先级别，见表 5-13。

表 5-13　风力发电机组 9 个因素权重分配及优先级排序

序号	评价因素	权重	优先级序号
1	失效对人员的环境安全性的影响	0.055 3	7
2	失效对系统功能的影响	0.024 3	9
3	维修费用	0.036 8	8
4	停运损失	0.061 6	6
5	可监测性	0.108	4
6	停机时间	0.360 1	1
7	检修维护难易程度	0.074 3	5
8	失效频率	0.128 9	3
9	备品备件供应及时性	0.150 6	2

2. 风力发电机组子系统级重要度分析实例

取模拟次数 $N=10\ 000$，通过计算得到风力发电机组统计设备的一组重要度指数值（10 000 个），然后进行统计分析，得到风力发电机组各个子系统的计算结果。风力发电机组各子系统重要度计算结果的统计特征值见表 5-14。

表 5-14　　各系统重要度仿真结果

系统	均值	偏度	最大值	中位数	最小值	偏度	标准差	方差
风轮系统	74.971 7	2.905 1	79.451 9	75.024	68.176 3	−0.207 7	1.626 3	2.644 8
变桨系统	61.920 5	2.780 7	68.279 2	62.044 2	52.425 3	−0.217 4	2.373 7	5.634 5
传动系统	68.335 5	2.961 6	72.639 8	68.411 6	61.748 3	−0.248	1.562	2.439 8
发电机系统	68.855 1	3.186 7	73.213 8	68.966 9	61.162 2	−0.359 2	1.621 4	2.629
变频器系统	56.467 4	3.109 1	62.424 2	56.555 4	46.179 7	−0.261 3	2.131 1	4.541 6
机舱塔筒系统	62.070 1	3.303 9	66.739 3	62.206 7	53.852 9	−0.442 6	1.847 6	3.413 6
偏航系统	55.973 5	3.517	60.500 8	56.034	46.443 8	−0.335 3	1.598 8	2.556 2
液压系统	51.207 9	3.343 9	56.468 2	51.210 9	40.941 6	−0.125 4	1.718 9	2.954 5
主控系统	53.869	4.196 7	58.815 2	53.852 9	42.992 1	−0.255 4	1.551 6	2.407 6
保护系统	53.778 5	4.077 6	58.923	53.806 7	41.818 3	−0.347 4	1.716 5	2.946 3
箱式变电站系统	57.522 4	2.936 2	62.924 1	57.507	50.579 2	−0.032 9	1.778 3	3.162 5

从表 5-14 可以看出，以各子系统的均值作为风力发电机组子系统级重要度排序依据，风轮系统在所有 11 个子系统中具有最高的重要度，通过检查风轮系统和发电机系统各影响因素评价得分情况发现，9 项影响因素评价得分中，发电机系统只有在停运损失和可监测性两项评价得分中高于风轮系统，而在剩余 7 项评价得分中，风轮系统得分均大幅高于发电机系统，因此说明重要度判断结果与实际分析一致。风力发电机组各子系统重要度排序见表 5-15。

表 5-15　　风力发电机组系统重要度排序结果

排序	系统	重要度指数	排序	系统	重要度指数
1	风轮系统	74.971 7	7	变频器系统	56.467 4
2	发电机系统	68.855 1	8	偏航系统	55.973 5
3	传动系统	68.335 5	9	主控系统	53.869
4	机舱塔筒系统	62.070 1	10	保护系统	53.778 5
5	变桨系统	61.920 5	11	液压系统	51.207 9
6	箱式变电站系统	57.522 4			

从计算结果还可以得到风力发电机组 11 个子系统的重要度累计频率图，如图 5-2 所示。

风力发电机组各子系统及部件的重要度排序，可以通过比较某一子系统或部件累计频率曲线的右侧面积占总面积的百分比大小来进行确定和评价，计算结果面积越大反映出子系统或部件重要度越高。对本书所研究的风力发电机组 11 个设备系统进行统计计

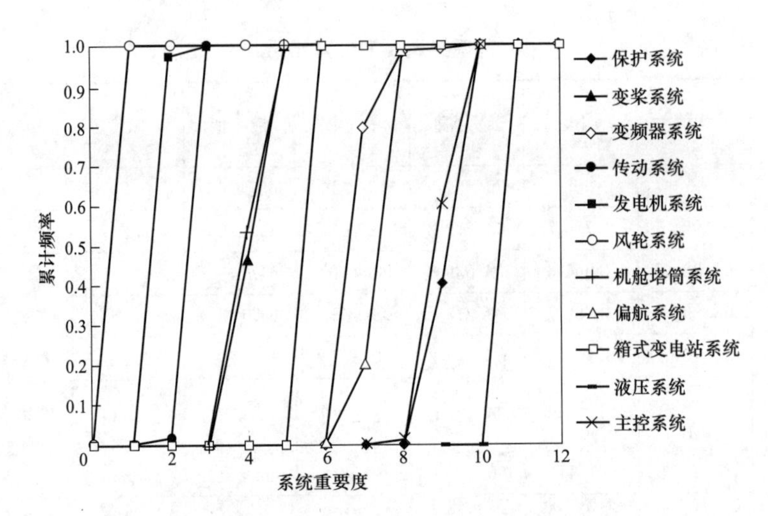

图 5-2 风力发电机组各系统累计频率变化情况

算，得到的重要度统计图，如图 5-3 所示。

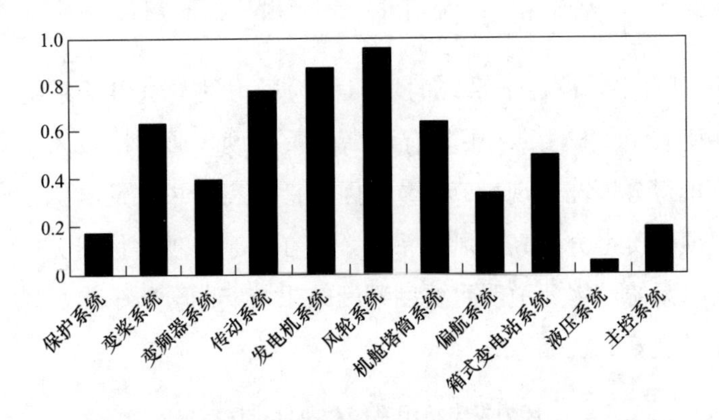

图 5-3 风力发电机组各子系统重要度面积百分比情况

3. 风力发电机组部件级重要度分析实例

风力发电机组中的典型部件重要度分析结果见表 5-16。

表 5-16 风力发电机组典型部件重要度分析结果

部件	均值	偏度	最大值	中位数	最小值	偏度	标准差	方差
过电压保护电路	49.815 8	5.268 9	54.001 4	49.893 6	40.620 7	−0.731 3	1.261 1	1.590 3
UPS	42.437 2	4.706 9	47.218 7	42.452 4	33.394	−0.397 6	1.299	1.687 3
保险(351A)	45.916 3	5.988 1	50.525 1	45.972 7	35.117 6	−0.759 2	1.304 7	1.702 2
发电机系统编码器	48.890 9	6.663 3	53.507	48.949 2	38.235 1	−0.910 6	1.330 9	1.771 4

续表

部件	均值	偏度	最大值	中位数	最小值	偏度	标准差	方差
变桨电池	48.705 1	5.795 9	53.771 6	48.793 9	37.214 7	−0.798 3	1.506 4	2.269 2
发电机碳刷	45.531 6	6.832 9	49.544 4	45.573 6	35.689 3	−0.91	1.175 5	1.381 9
风速仪	47.448 1	7.733 4	51.326 6	47.543 7	36.659	−1.204 1	1.235 2	1.525 7
滑环	49.436 1	4.649	54.797 9	49.460 2	39.609 7	−0.436 3	1.461 8	2.136 8
集电环	50.856 1	4.058 9	56.510 9	50.901 7	41.105 3	−0.362 5	1.566 6	2.454 2
滤波电阻	48.839	8.785 8	52.242 2	48.962 8	37.894 2	−1.442 8	1.194 4	1.426 7
油泵电机	49.014	9.297 9	52.339 4	49.154 4	38.430 3	−1.541 4	1.152 8	1.329
油冷滤油器滤芯	42.114 2	8.623 8	45.917 9	42.245 9	32.348 5	−1.380 4	1.046 4	1.094 9

通过以上计算结果，以各部件重要度计算得到的均值作为部件重要度排序依据，可以得到风力发电机组中抽样的 12 个典型部件的重要度表。风力发电机组 12 个典型部件重要度排序情况见表 5-17。

表 5-17　　　风力发电机组 12 个典型部件重要度排序情况

排序	部件	重要度指数	排序	部件	重要度指数
1	集电环	50.856 1	7	变桨电池	48.705 1
2	过电压保护电路	49.815 8	8	风速仪	47.448 1
3	滑环	49.436 1	9	保险（351A）	45.916 3
4	油泵电机	49.014	10	发电机碳刷	45.531 6
5	发电机系统编码器	48.890 9	11	UPS	42.437 2
6	滤波电阻	48.839	12	油冷滤油器滤芯	42.114 2

从表 5-17 可以得到，集电环目前是 12 个抽样部件重要度等级最高的部件，通过查询各部件 9 项影响因素评价得分情况来看，例如过电压保护电路仅有失效对人员的环境安全性的影响以及可监测性两方面影响重要度方面超过集电环，而其余评价因素得分情况均低于集电环，这与实际风力发电机组运行中，这两个部件在维护难易程度，以及故障后处理实际难度，以及故障带来的影响实际情况符合，因此说明本书重要度计算结果也与实际情况吻合。

从表 5-16 和表 5-17 中可以得到各设备系统和部件的重要度排序情况，同时通过以上仿真计算，可以得到抽样的 12 个部件的重要度累计频率图，从而可以更清晰地得到各设备系统及部件累计频率变化情况，从而更好地分析各设备系统和部件的重要度变化情况，如图 5-4 所示。

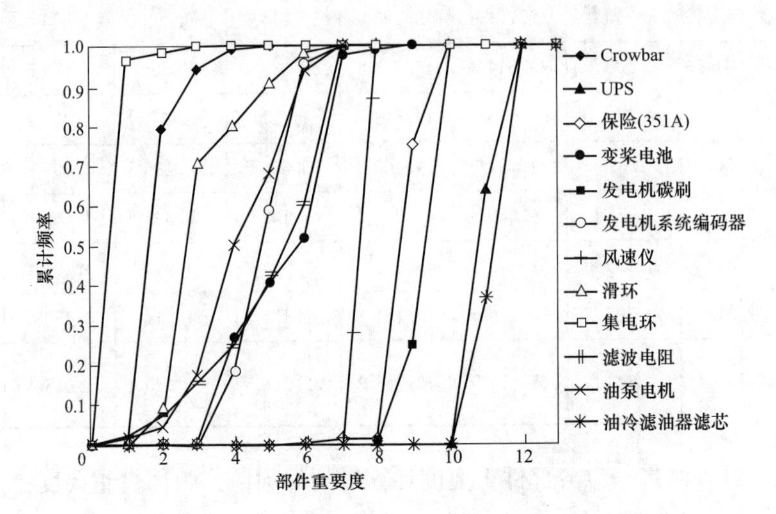

图 5-4　风力发电机组典型部件累计频率变化情况

对本书所研究的风力发电机组抽样取得的 12 个部件进行统计计算，得到以下重要度统计图，如图 5-5 所示。

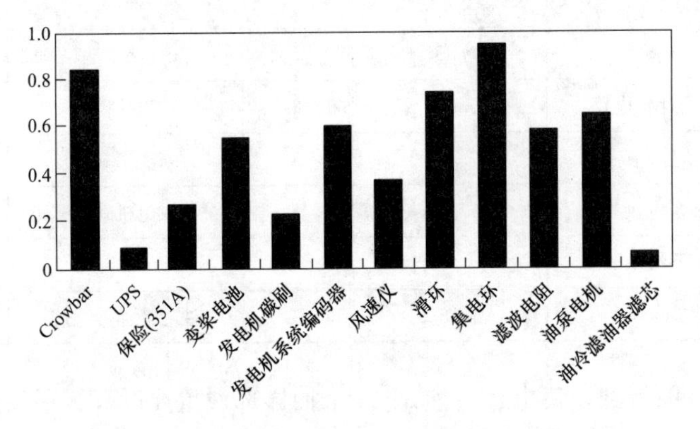

图 5-5　风力发电机组典型部件重要度面积百分比情况

5.3　本　章　小　结

（1）根据风力发电机组特点，确定了各子系统和部件的重要度影响因素，确定了各因素的量化评价标准，为实现风力发电机组各子系统及部件的重要度量化评价打下了基础。

（2）提出了基于蒙特卡洛分析方法的风力发电机组设备重要度评价模型。该模型较为全面地反映出风力发电机组各子系统及部件的重要度排序情况，不仅有效降低了人为判断的误差，同时充分考虑当前风力发电机组设备运行实际情况。模型仿真分析结果表明，设备重要度分级情况真实反映了风力发电机组内各设备的重要程度，为设备维修策略确定提供了有效分析依据。

6　风力发电机组 RCM 决策模型

本章主要基于 RCM 技术，以实际风力发电机组为对象，通过引入熵权法，将结合本书第 3 章得到的设备故障危害度评价排序结论，第 4 章得到的设备可靠性量化结论，以及再结合第 5 章得出的风力发电机组重要度排序结果，开展风力发电机组预防性维修决策，以降低风力发电机组各子系统及部件的故障后果及影响为根本目标，结合实际运行工况，构建风力发电机组设备预防性维修决策模型，对当前风力发电机组预防性维修决策技术提出改进和优化建议，有效降低过度维修和欠维修现象的发生概率，提高风力发电机组设备运行可靠性。

6.1　风力发电机组维修方式的确定

风力发电机组维修方式的决策建立在各系统及设备的重要度分析的基础上，并结合故障后果性质及影响情况进行选择和确定。

风电场设备的维护维修方式分为预防性维修和事后维修，对于重要设备采取预防性维护维修策略。预防性维护维修方式包括视情维修和定期维修。视情维修通过定期巡检和状态监测技术，判断设备的状态，决定是否采取维修措施；定期维修的主要内容包括定期检修和定期更换。

FMECA 分析结果和可靠性量化指标可以为风电场设备的维修决策过程提供依据。设备故障失效模型威布尔分布中形状参数 β 反映了故障的失效模式，因此可以通过判断形状参数确定维修方式及维修内容。在进行维修决策的同时，还应考虑平均故障间隔及状态检测情况等其他因素，从而制定出合理的维护方式。维护方式依据表 6-1 确定。

表 6-1　　风力发电机组维护方式的确定

重　要　度	重要			不重要
平均故障间隔	长		短	
状态监测情况	难费用大	易费用小		

续表

<table>
<tr><td rowspan="5">形状参数β及失效率类型</td><td>2.1<β</td><td>B</td><td>明显损耗</td><td>定期</td><td colspan="2">视情</td><td>事后维修</td></tr>
<tr><td>1.9<β<2.1</td><td>C</td><td>明显损耗</td><td>定期</td><td colspan="2">视情</td><td>事后维修</td></tr>
<tr><td>1.1<β<1.9</td><td>D</td><td>一定损耗</td><td colspan="2">视情</td><td>改进</td><td>事后维修</td></tr>
<tr><td>0.9<β<1.1</td><td>E</td><td>随机故障</td><td colspan="2">视情</td><td>改进</td><td>事后维修</td></tr>
<tr><td>β<0.9</td><td>F</td><td>早期故障</td><td colspan="2">视情</td><td>改进</td><td>事后维修</td></tr>
</table>

6.2 风力发电机组预防性维修决策

风力发电机组预防性维修决策的关键是如何确定更加科学合理的维修时机和周期，而开展预防性维修决策的根本目的是解决维修时机和周期不合理导致的风力发电机组过度维修和维修不足的现象，即维修周期过长引起风力发电机组安全性和经济性方面的重大事故，而维修周期过短又会造成维修经济性较差的问题。针对以上问题如果仅仅依靠运维人员的主观判断和经验开展预防性维修工作的决策显然是不合理的，必须要运用预防性维修决策模型进行科学的分析和判断。

随着预防性维修模式在工程领域的广泛应用，也出现了多种针对预防性维修决策的构建的数学模型。当前风力发电机组预防性维修策略主要依据风力发电机组制造厂家提供的定期维护手册要求，以半年和一年为固定时间间隔开展预防性维修工作，这种缺乏有效针对性的预防性维修策略必然导致过修和欠修现行的出现，因此有必要针对风力发电机组各子系统及部件的实际，构建预防性维修决策模型，确定科学合理的预防性维修时机和周期。

6.2.1 风力发电机组的预防性维修模型

开展预防性维修工作的目的在于保证风力发电机组的可靠运行，在确定风力发电机组预防性维修策略时，应重点考虑以下几个目标[204-206]：

（1）使设备保持较高的使用可靠性。

（2）实现设备高可靠性与维修经济性的有效契合。

（3）实现设备高可靠性与设备可用度的有效契合。

在风力发电机组中，不同子系统和部件的故障模式及危害度，以及对应的重要程度各不相同，在确定预防性维修策略时需要建立不同的数学模型。预防性维修周期决策模型主要包括[123]：

（1）基于寿命的替换：在一个基于寿命的替换策略下，设备在出现故障后或到达一个指定运行寿命时进行替换，如果设备故障替换成本高于基于寿命的替换策略，并且设备的故障率还在不断增加，那么这种策略是无意义的。

(2) 批替换。一个在批替换策略下开展维修的系统在规定时间间隔内进行预防性替换，与设备寿命无关。这种方式主要应用于有大量相同系统同时运行的情况下，但是这种方式主要缺点是造成大量浪费、缺乏经济性考虑。

(3) 基于条件的预防性维修，这种维修策略的决定是基于与设备的功能退化和引起功能的概率降低的一个和多个变量因素有关，变量因素可能为物理变量、设备系统操作变量以及设备寿命有关的变量。

6.2.2 基于费用最低的风力发电机组预防性维修模型

本书研究的风力发电机组定期维修模型，主要针对风力发电机组定期更换或预防性维修工作。定期更换策略指当部件达到定期维修周期 T 时仍能正常运行，则对部件进行预防性更换或预防性维修，更换和预防性维修工作相当于对部件进行了更新。若部件在 T 以前发生故障，则对部件进行定期维修如图 6-1 所示。时间 T 称为定期计划的时间间隔。

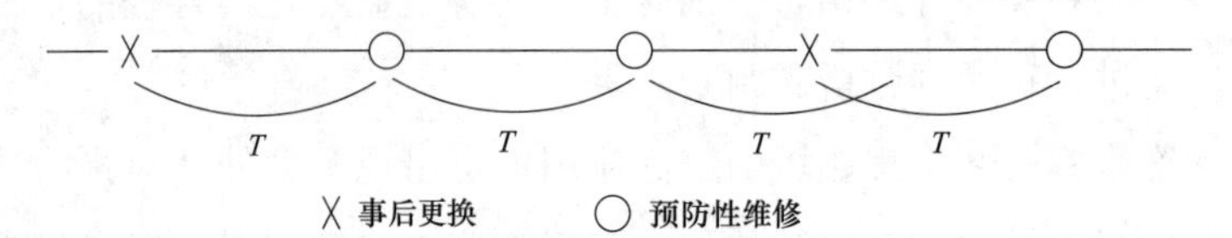

图 6-1　考虑最低费用的定期维修策略

设风力发电机组部件的累积失效函数为 $F(t)$、事后维修的损失为 c_f、定期维修的损失为 c_p，定期维修损失中不仅包含更换或维修部件的费用，还包括由于故障造成的经济损失和其他损失。假设更换或维修时间相对于工作时间很短可以忽略不计，本书研究目标在于选取最优的 T，使得长期运行过程中单位时间的期望损失达到最小。

令 $C_1(T)$ 表示定期维修周期为 T 时，长期运行过程中单位时间的期望损失，可以表示为

$$C_1(T)=\lim_{t\to\infty}\frac{[0,\ t]\text{时间内的期望损失}}{t} \tag{6-1}$$

每次的维修和更换时刻为新起点，令相邻两次更换的时间间隔为一个周期 T，各周期长度之间为独立同分布，易得

$$C_1(T)=\frac{\text{一个周期内的期望损失}}{\text{平均周期长}} \tag{6-2}$$

其中，平均周期长 $=\int_0^T t\mathrm{d}F(t)+\int_T^\infty T\mathrm{d}F(t)=\int_0^T R(t)\,\mathrm{d}t$ 。

一个周期内的期望损失 $=c_fF(T)+c_pR(T)$

因此

$$C_1(T)=\frac{c_f F(T)+c_p R(T)}{\int_0^T R(t)\,\mathrm{d}t} \tag{6-3}$$

基于费用最低维修决策模型的关键在于求最优的 T，使得 $C_1(T)$ 达到最小。

6.2.3 基于可用度的风力发电机组维修模型

可用度是可靠性指标的一种，用于表征在规定工作条件下，在一定时间范围内，设备正常工作的概率，考虑可用度对风力发电机组进行维修决策，有助于提高风力发电机组的运行时间[121]，其维修策略如图 6-2 所示。

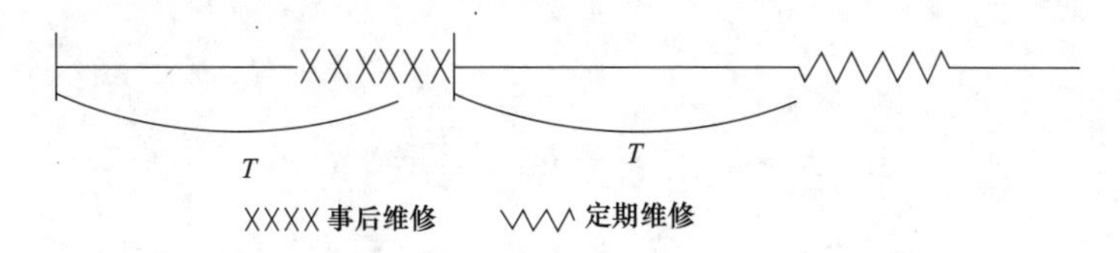

图 6-2　考虑可用度的风力发电机组定期维修策略

对于可修部件，其工作和维修总是反复交替出现的，假设部件寿命 X 分布为$F(t)$。部件工作到指定的时间间隔 T 时仍未发生故障，则对部件进行预防性维修，预防性维修时间 Y_p 服从分布 $G_p(t)$，其均值为 β_p。另一种情况在指定时间 T 之前发生故障，则对其进行纠正性维修，纠正性维修时间 Y_f 服从分布 $G_f(t)$，其均值为 β_f。部件在经过纠正性维修和预防性维修后恢复到跟新部件一样的程度。假设均值都大于 0，各寿命分布相互独立。

确定最优预防性维修时间间隔 T，使设备的可用度最大，首先要先求出可用度与预防性维修时间间隔 T 的关系式。根据故障部件修复如新的假设，部件修复时刻即为再生时刻，通过更新过程来求系统的可用度。令部件整个过程的寿命分布 $\tilde{X}$ 服从式（6-4）

$$\tilde{X}=\begin{cases}X, & X\leqslant T\\ T, & X>T\end{cases} \tag{6-4}$$

维修时间分布 $\tilde{Y}$ 服从式（6-5）

$$\tilde{Y}=\begin{cases}Y_f, & X\leqslant T\\ Y_p, & X>T\end{cases} \tag{6-5}$$

用 $A(t)$ 表示时刻 0 部件是新的条件下系统的瞬时可用度，$A(t)$ 满足

$$A(t)=P\{\tilde{X}>t\}+P\{\tilde{X}+\tilde{Y}\leqslant t\}\times A(t) \tag{6-6}$$

对式（6-6）两端做拉氏变换，可得

$$A^*(s)=\frac{\int_0^{\infty}\mathrm{e}^{-st}P\{\tilde{X}>t\}\,\mathrm{d}t}{1-\int_0^{\infty}\mathrm{e}^{-st}\,\mathrm{d}P\{\tilde{X}+\tilde{Y}\leqslant t\}} \tag{6-7}$$

由于

$$P\{\tilde{X}>t\}=\begin{cases}P\{X>t\}，当 t\leqslant T\\ 0，当 t>T\end{cases} \tag{6-8}$$

故

$$\int_0^{\infty}\mathrm{e}^{-st}P\{\tilde{X}>t\}\,\mathrm{d}t=\int_0^{T}\mathrm{e}^{-st}R(t)\,\mathrm{d}t \tag{6-9}$$

而

$$\begin{aligned}\int_0^{\infty}\mathrm{e}^{-st}\,\mathrm{d}P\{\tilde{X}+\tilde{Y}\leqslant t\}&=E\{\mathrm{e}^{-s(\tilde{X}+\tilde{Y})}\}\\&=\int_0^{\infty}E\{\mathrm{e}^{-s(\tilde{X}+\tilde{Y})}\mid X=t\}\,\mathrm{d}P(X\leqslant t)\\&=\int_0^{T}E\{\mathrm{e}^{-s(t+Y_f)}\}\,\mathrm{d}F(t)+\int_T^{\infty}E\{\mathrm{e}^{-s(T+Y_P)}\}\,\mathrm{d}F(t)\\&=E\{\mathrm{e}^{sY_f}\}\int_0^{T}\mathrm{e}^{-st}\,\mathrm{d}F(t)+E\{\mathrm{e}^{-sY_P}\}\,\mathrm{e}^{-st}R(T)\\&=\hat{G}_f(s)\int_0^{T}\mathrm{e}^{-st}\,\mathrm{d}F(t)+\hat{G}(s)\,\mathrm{e}^{-st}R(T)\end{aligned} \tag{6-10}$$

其中 $\hat{G}_f(s)$ 和 $\hat{G}_p$ 分别表示 $G_f(s)$ 和 $G_p(s)$ 的拉氏变换，将式（6-9）、式（6-10）代入式（6-7）得

$$A^*(s)=\frac{\int_0^{T}\mathrm{e}^{-st}R(t)\,\mathrm{d}t}{1-\hat{G}_f(s)\int_0^{T}\mathrm{e}^{-st}\,\mathrm{d}F(t)-G_P(s)\mathrm{e}-sTR} \tag{6-11}$$

当 $F(t)$、$G_f(t)$ 和 $G_p(t)$ 不是非负随机分布时，极限 $A=\lim\limits_{t\to\infty}A(t)$ 存在，则可用度可用托贝尔定理和洛必达法则求得

$$\begin{aligned}A&=\lim_{t\to\infty}A(t)=\lim_{t\to\infty}\frac{1}{t}\int_0^{t}A(u)\,\mathrm{d}u=\lim_{s\to0}sA^*(s)\\&=\frac{\int_0^{T}R(t)\,\mathrm{d}t}{\int_0^{T}R(t)\,\mathrm{d}t+\beta_fF(T)+\beta_pR(T)}\end{aligned} \tag{6-12}$$

整理得到

$$A=\frac{1}{1+\frac{\beta_f F(T)+\beta_p R(T)}{\int_0^T R(t)\,\mathrm{d}t}} \tag{6-13}$$

类比式（6-13）与式（6-3），式（6-13）中求 T 使 A 达到最大值可以归结为式（6-3）中求 T 使 C_1（T）最小的问题，用 β_f 和 β_p 代替了 c_f 和 c_p。

6.2.4 基于熵法的风力发电机组维修模型

使用传统 RCM 理论制定设备维修决策时，没有综合考虑设备故障危害程度、设备重要程度、设备可靠度和成本最优四方面因素对维修决策的影响。传统 RCM 将不同因素的影响同等对待，也未在维修决策中充分考虑影响因素的相对重要性，也未考虑随着设备运行时间变化，维修策略可能随之发生变化的情况，而是认为维修决策制定过程是一个静态过程，因此基于 RCM 理论的维修决策的准确性较差，并且难以符合现场实际维修工作要求。为了解决这一问题，本书提出应用熵法对 RCM 维修决策模型进行优化，使得 RCM 维修策略更符合风电场设备的维修工作实际。

熵法的基本原理为：不同决策要素在某一属性上表现接近，则该属性的作用不突出；如所有决策因素在某属性上表现完全相同，则此属性无意义。属性取值差异越大，则提供的信息越多，该属性越重要[207-209]。根据此基本原理，本书设计维修决策分布 $I(T)$，$I(T)$ 是一个综合考虑了部件的维修成本、重要度及故障危害度的决策量化指标，通过求的最优时间 T，得到第 i 个部件的 $I_i(T)$ 的最小值，建立基于熵法的风力发电机组定期维修决策模型，即

$$\min I_i(T)=\omega_1(T)a_{i1}(T)+\omega_2(T)a_{i2}+\omega_3(T)a_{i3} \tag{6-14}$$

式中：$a_{i1}(T)$ 是第 i 个部件在 T 时刻对应于成本最优模型时的维修成本；a_{i2} 是第 i 个部件根据本章蒙特卡罗方法确定的对应重要度；a_{i3} 是第 i 个部件基于第 2 章灰色理论确定的设备故障危害度；$\omega_1(T)$、$\omega_2(T)$、$\omega_3(T)$ 是对应的各因素的权重。

根据熵法原理，可以得到

$$\omega_j(T)=[1-E_j(T)]/\sum_{j=1}^{3}[1-E_j(T)] \tag{6-15}$$

式中：$E_j(T)$ 为各风险因素的熵，可表示为

$$E_j(T)=-k\sum_{i=1}^{m}p_{ij}(T)\times\ln[p_{ij}(T)] \tag{6-16}$$

$$k=\frac{1}{\ln(m)} \tag{6-17}$$

$$p_{i1}(T)=\frac{a_{i1}(T)}{a_{i1}(T)+a_{i2}+a_{i3}} \tag{6-18}$$

$$p_{i2}(T)=\frac{a_{i2}}{a_{i1}(T)+a_{i2}+a_{i3}} \tag{6-19}$$

$$p_{i3}(T)=\frac{a_{i3}}{a_{i1}(T)+a_{i2}+a_{i3}} \tag{6-20}$$

由第 6.2.2 节可知，费用最低维修模型分布中定期维修时间分布如式（6-3）所示，因此

$$a_{i1}(T)=C(T) \tag{6-21}$$

将式（6-21）代入式（6-14），便可求出风力发电机组维修决策指标 $I(T)$，从而求得维修时间间隔 T。

6.3 RCM决策模型实例分析

采用张北坝头风电场风力发电机组实际设备检修维护数据进行计算验证。表 6-2 列出风力发电机组 7 个典型部件的维护维修费用数据，其中设备故障危害度排名为本书第 3 章研究结果，设备威布尔分布的形状参数和尺度参数为本书第 4 章研究结果，设备重要度数值分布为本书第 5 章研究结果。

表 6-2　　风力发电机组典型部件各参数计算结果

序号	部件名称	形状参数	尺度参数	预防性维护费用（元）	故障维修费用（元）	重要度	危害度排名
1	过电压保护电路	0.721 2	444.6	500	28 000	49.815 8	3
2	UPS	0.763 8	1398.8	100	1540	42.437 2	4
3	发电机系统编码器	0.614 0	853.0	300	7500	48.890 9	6
4	风速仪	0.553 2	681.7	500	12 800	47.448 1	10
5	滑环	0.594 7	418.2	300	29 000	49.436 1	2
6	集电环	0.556 1	466.1	800	11 000	50.856 1	7
7	油泵电机	1.474 0	1026.6	300	7000	49.014 0	12

首先将表 6-2 中 7 个部件对应的预防性维修费用和故障维修费用数据，以及 7 个部件的形状参数和尺度参数代入式（6-3）中，分别得到 7 个部件的基于费用最低的维修时间分布 C（T），根据 6.2.4 内容可得 $a_{i1}(T)=C(T)$，其次 a_{i2} 等于各部件的重要度数值，最后 a_{i3} 等于各部件的故障危害度排序。

分别将 $a_{i1}(T)$、a_{i2}、a_{i3} 代入式（6-18）、式（6-19）、式（6-20），求得各部件对应

的中间变量 $P_{i1}(T)$、$P_{i2}(T)$、$P_{i3}(T)$。

由式（6-17）可得

$$k=\frac{1}{\ln 7}$$

将 $P_{i1}(T)$、$P_{i2}(T)$、$P_{i3}(T)$ 和 k 值代入式（6-16），得到对应各部件风险因素的熵 $E_j(T)$，将各部件风险因素的熵 $E_j(T)$ 代入式（6-15），得出各部件风险因素权重 $\omega_j(T)$。

将各部件对应的 $a_{i1}(T)$、a_{i2}、a_{i3}，$\omega_j(T)$ 代入式（6-14）进行仿真计算，求的 $I(T)$ 最小值时对应的时间 T，结果如图 6-3 所示。

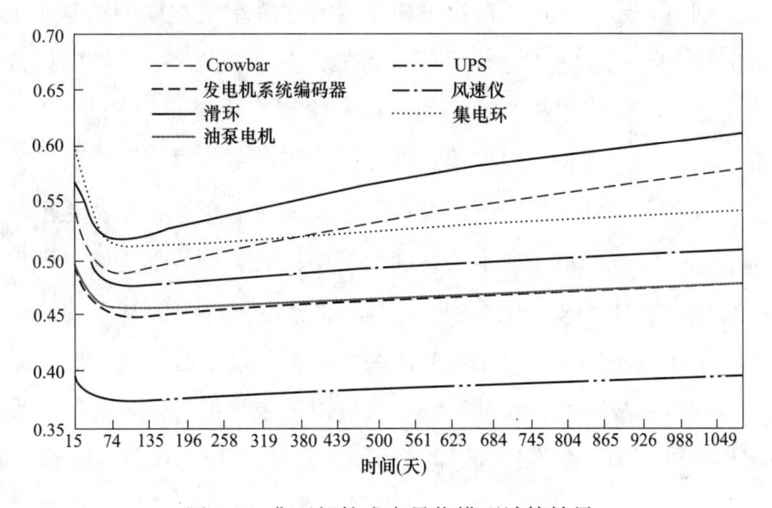

图 6-3　典型部件成本最优模型计算结果

通过图 6-3 可以找到基于熵法的综合决策量化指标 $I(T)$ 最小时对应的时间，风力发电机组维修决策指标对比见表 6-3。

表 6-3　　基于熵法的风力发电机组维修决策结果对比

序号	部件名称	维护间隔（天）	
		基于熵法	最小成本
1	Crowbar	90	525
2	UPS	90	Inf
3	发电机系统编码器	105	Inf
4	风速仪	120	Inf
5	滑环	90	1020
6	集电环	135	Inf
7	油泵电机	120	Inf

从表 6-3 的结果可以看出，对于风力发电机组中 UPS、发电机系统编码器、风速仪、集电环、油泵电机等设备，利用最小成本模型难以得到针对该设备的准确最优维修间隔决策结果，仅有 Crowbar 和风力发电机组滑环可以利用最小成本模型得到较为具体的维修间隔时间。但从得出的结果来看，计算出的维修间隔时间与目前风力发电机组制造厂家提供的设备使用寿命和定期维修间隔时间差距较大，如风力发电机组制造厂家提供的 Crowbar 和滑环的设计使用寿命为 20 年，定期维护建议时间为 90 天，说明仅考虑最小成本法模型对于早期风力发电机组故障和持续衰减型的故障模式难以得到较为准确地维修间隔时间，并且未考虑该部件故障维修造成的风力发电机组安全影响和停电损失。而通过本书研究基于熵法的维修决策模型，其在最小成本模型的基础上，引入了设备 RCM 分析中的设备重要度结论和对应设备故障危害度结论，通过引入这两个因素，利用熵法优化完善了风力发电机组维修间隔确定模型，从表 6-3 结果可以看到，利用当前风力发电机组实际运行数据，根据熵法模型，所有设备都得到了较为准确的维修间隔时间，并且这些设备对应的维修时间与设备厂家提供的维修间隔天数接近。

因此可以看出，传统的最小成本法在确定早期失效类型的部件时（即形状参数小于 1 的部件）不能有效给出合理的维修时间间隔，通过本书提出的基于熵法的维修决策模型，经过对单一最小成本模型的优化，使用熵法弥补了这一维修模型分析缺陷，充分考虑了设备重要度和设备故障危害程度给设备维修决策带来的影响，为风力发电机组早期失效特性的部件提供更为科学合理并且符合风电场运行实际的维修间隔确定方法。

6.4　风力发电机组 RCM 维修策略评价

综合以上针对风力发电机组实施 RCM 的研究和改进，可以实现风力发电机组整机、子系统及部件的失效模式、维护方式及维护间隔分析计算。通过与当前维护间隔之间的对比，给出针对子系统级别实施维护的建议，现场人员可参考实施维护建议，对当前维护计划进行调整。

表 6-4 列出了基于张北坝头风电场提供的运维数据，通过实施 RCM 分析得到的风力发电机组各个子系统的重要度、失效模式及维护方式、维护间隔等结果，以及针对性的维护建议。为了便于对比，表中还列出了设备厂提供的各个子系统的当前维护时间间隔。其中“1.1 轮毂”对应的“维护间隔”列中的数据是本书 RCM 分析结果与当前维护间隔存在差别的部件，在 RCM 实施过程中，主要是对这些存在差别的部件制定新的维护时间间隔。RCM 分析结果中内容为空的部件，是指坝头风电场在实际运行中没有

发生过故障的部件。

表 6-4 RCM 实施情况与厂家提供维修方案对比

序号	部件	当前维护间隔	RCM 分析结果			实施检修与维护建议
			FMECA 判断重要度等级	部件失效模式及维护方式	维护间隔	
1.1	轮毂	半年	5	E-视情/定期	一年	延长维护间隔
1.2	叶片	半年	6	F-视情/定期	一年	延长维护间隔
1.3	变桨电机	半年	6	F-视情/定期	一年半	延长维护间隔
1.4	变桨齿轮	半年	6	F-视情/定期	一年	延长维护间隔
1.5	变桨齿轮箱	半年	5	F-视情/定期	两年	延长维护间隔
1.6	变桨轴承	半年	5	F-视情/定期	半年	采用当前间隔
2.1	变桨控制柜	半年	7	F-视情/定期	一年	延长维护间隔
2.2	变桨编码器	半年	7	B-翻修/定期	两年	延长维护间隔
2.3	变桨限位开关	半年	5	E-事后		事后维修，更换
2.4	变桨滑环	半年	6	F-视情/定期	半年	采用当前间隔
2.5	半月板		3	事后		事后维修，更换
2.6	变桨蓄电池	半年	6	F-视情/定期	两年	延长维护间隔
3.1	齿轮箱	半年	5	F-视情/定期	半年	采用当前间隔
3.2	齿轮箱齿轮	一年	5			
3.3	齿轮箱润滑油	半年	6		一年半	延长维护间隔
3.4	齿轮箱空气滤清器	半年	4	事后		事后维修，更换
3.5	油冷装置		5			
3.6	传动系统传感器	半年	5	D-翻修/定期	一年	延长维护间隔
3.7	主轴	半年	4	事后		事后维修
3.8	制动器	半年	4	F-事后		事后维修
3.9	制动器刹车片	半年	6	C-翻修/定期	半年	采用当前间隔
3.10	制动器闸瓦		5			
3.11	制动器衬垫		6			
3.12	联轴器	一年	5			
4.1	发电机滑环	半年	6	F-视情/定期	一年	延长维护间隔
4.2	发电机轴承		6	F-视情/定期	两年	延长维护间隔
4.3	发电机碳刷	半年	6	F-视情/定期	一年	延长维护间隔
4.4	发电机编码器	半年	5	F-视情/定期	两年	延长维护间隔

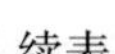

序号	部件	当前维护间隔	RCM分析结果			实施检修与维护建议
			FMECA 判断重要度等级	部件失效模式及维护方式	维护间隔	
4.5	发电机润滑油脂	半年	5		一年	延长维护间隔
4.6	发电机冷却	半年	7	F-视情/定期	一年	延长维护间隔
4.7	发电机系统其他	半年	6	F-视情/定期	三年	延长维护间隔
5.1	变频器本体	半年	5			
6.1	UPS	半年	5	F-视情/定期	三年	延长维护间隔
6.2	主控系统传感器	一年	6	F-视情/定期	一年	延长维护间隔
6.3	柜门风扇	半年	4	F-事后		事后维修
6.4	主控系统其他	半年	5		两年	延长维护间隔
7.1	液压站油泵	半年	5	E-视情/定期	一年	延长维护间隔
7.2	液压站过滤器	一年	5	D-翻修/定期	一年	延长维护间隔
7.3	液压油	一年	5	F-视情/定期	两年	延长维护间隔
7.4	液压系统其他	半年	4	事后		事后维修
8.1	偏航电机	半年	5		一年半	延长维护间隔
8.2	偏航驱动齿轮	半年	5			
8.3	偏航驱动润滑	3 年以上	5		一年	延长维护间隔
8.4	偏航轴承大齿圈	半年	6	F-视情/定期	三年	延长维护间隔
8.5	偏航轴承	半年	5			
8.6	偏航控制定位	一年	6	F-视情/定期	两年	延长维护间隔
8.7	偏航制动器	半年	5			
8.8	偏航系统其他	半年	4	E-事后		事后维修
9.1	机舱	半年	4	F-事后		事后维修
9.2	塔筒	半年	4	F-事后		事后维修
10.1	防雷模块	半年	5			
10.2	保险		6	F-视情/定期	一年	延长维护间隔
10.3	接地设备	半年	6	F-改进		

从表 6-4 实施和对比应用说明：

（1）第四、五列，RCM 分析结果：该两列内容是根据对坝头风电场（特定风电场）

的实际运行故障数据（故障数据库），按照以可靠性为中心的维修（RCM）的思想，在定性和定量分析（FMECA分析、使用可靠性量化分析）基础上，计算得到的风电场设备各个部件的故障模式及其适用的维护模式和维护间隔。

1）部件失效模式及维护方式：根据对特定风电场的故障数据分析，可以确定部件的失效模式，分为B、C、D、E、F五种，不同的失效模式对应不同的维护方式。

2）维护间隔：该列给出根据风电场故障数据，经过可靠性量化分析，得到的各个部件的维修间隔。所列出的维修间隔只针对特定风电场（坝头风电场），与第三列的广泛性维护间隔可能存在差别。对于维护时间间隔相同的情况，按照广泛性的维护间隔进行维护；对于维护时间间隔与广泛性维护间隔不同的情况，参考第七列“实施检修与维护建议”中的内容，合理调整维护间隔。

（2）第七列，实施检修与维护建议：针对特定风电场设备的RCM分析结果，对于与广泛性维护时间间隔存在差别的部件，给出部件的维护维修间隔调整建议，实现优化维护维修。

6.5 本章小结

（1）采用最小成本模型确定风力发电机组设备的维修间隔，由于考虑因素单一，难以得到准确地维修时间间隔，在实际风场数据应用中效果较差。针对这一问题，本书在风力发电机组对应设备可靠性量化模型分析的基础上，将设备故障危害度分析结论和设备重要度评价结论纳入维修决策评价因素中，提出了基于熵法风力发电机组维修方式决策模型，并给出了数值求解方法，数据实例结果证明了模型的有效性，以及与实际应用结论的一致性。

（2）针对风电场实际运行情况，基于实际风电场运行数据，利用熵法模型，对相应风力发电机组主要系统和设备的维修间隔进行了确定，并将优化后的算法与厂家提供的经验时间进行了对比验证，为RCM工程应用提供了有效的实际案例。

7 风力发电机组检修维护辅助决策系统

7.1 概 述

目前，随着电力行业领域不断引入新的维修方法，以及电力设备技术水平和监测水平的不断提高，利用信息化手段将新的维修方法和监测技术实现有效地整合的衔接已成为电力工业发展的必然趋势。国内各大发电集团公司及科研单位也对利用信息化手段整合当前风电场设备维修方法和设备检测技术进行了大量的研究和尝试。但总体来说，这些研究和工程应用主要集中在运营综合管理与具体设备状态监测和故障诊断方面，缺少开展针对风力发电机组整体的维修决策方法的系统研究和应用。目前国内针对风力发电机组的检修维护决策系统研发领域没有形成有影响的商业软件模块，早期引起国外的风电设备有些带有基本的维修决策软件功能，这些功能没有充分考虑我国风电行业设备发展现状和这几年风电行业维修工作积累的经验，在实际应用中没有取得明显预期效果，从目前风电行业运营管理系统和状态监测及故障诊断实际应用情况来看，对于风电场尤其是风力发电机组检修维护辅助决策系统还存在应完善和改进的地方，主要表现在：

（1）大多数已开发的系统仍以计划检修维护模式为基础，没有充分吸收和使用目前先进的检修维护理论，因而不能有效适应目前先进的风力发电机组维修的需求。这些系统只能开展日常管理分析工作，或是按照预先确定的维修计划来设置设备维修作业，不能根据设备实际动态做出维修决策。

（2）这些国内应用系统主要集中于对单一风力发电机组子系统或部件状态的分析和判断，而对各子系统或部件的统计分析和故障可能带来的后果影响分析和预测功能不足。

（3）目前国内应用的风力发电机组管理方面的商业化软件，大多是从水电和火电板块移植过来，未能具体考虑风力发电机组检修维护的特点与要求，因而存在适用性不强的问题。

因此，在深入研究国内风电行业和风力发电机组运行状况、特点的基础上，利用以可靠性为中心的维修理论，建立风力发电机组检修维护辅助决策系统，对实现以可靠性为中心的维修模式在风电领域的实践应用，具有重要意义。

本书基于前面章节对风力发电机组开展以可靠性为中心的维修关键技术研究成果，

将构建的相应模型和优化求解算法进行整合固化，研发形成一套软件系统，为以可靠性为中心的维修理论在风电场检修维护工作中实际应用提供通用且可扩展的平台。这里对“风电场设备检修维护辅助决策系统”的基本构成、开发工具、底层数据库以及各个功能模块的交互界面和操作流程等进行描述。

7.2 系统总体设计

7.2.1 系统总体结构

“风电场设备检修维护辅助决策系统”的总体结构如图 7-1 所示。该系统通过故障信息录入接口将故障信息录入事先已经建好的故障数据库，事先故障数据库的不断扩展。系统所有功能均建立在故障数据库基础上，通过故障数据建立分析模型，调用优化算法，可以实现故障统计分析、FMECA 分析、可靠性量化分析和维修决策等功能，并以图表、指标和分析结果文档等形式展现。

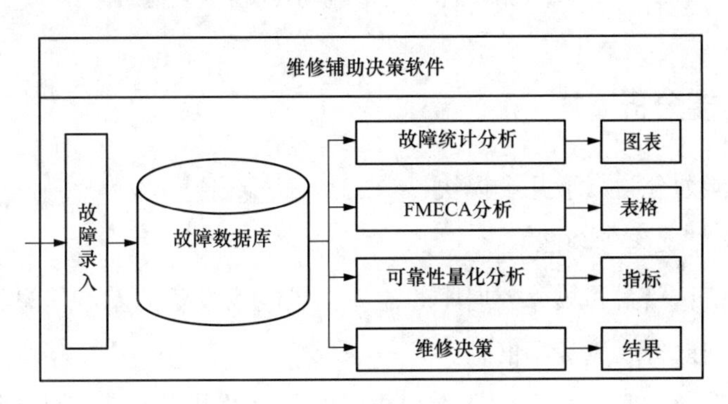

图 7-1　系统总体结构设计图

（1）设备故障基本信息录入工作在系统安装之初完成，构建整个风电场设备的故障数据库。

（2）故障数据库是随时扩展的动态数据库，每次执行风电场设备的维修操作，开具维修操作票，在完成维修任务之后都要及时录入故障处理的相关信息，扩展故障数据库内容。

（3）故障统计分析、FMECA 分析、可靠性分析以及维修决策功能为较长时间间隔定期或不定期执行的功能。例如按月、季度、年等时间间隔进行故障统计分析，更新 FMECA 表和故障失效率模型，计算可靠性指标并生成报表等。维修决策功能应根据风电公司的设备管理要求，在一段时间内进行维修决策分析，根据分析结果，综合考虑其他因素，对风电场设备的维护维修方式进行调整或修正完善。

“风电场设备检修维护辅助决策系统”的软件采用模块化结构，如图 7-2 所示。

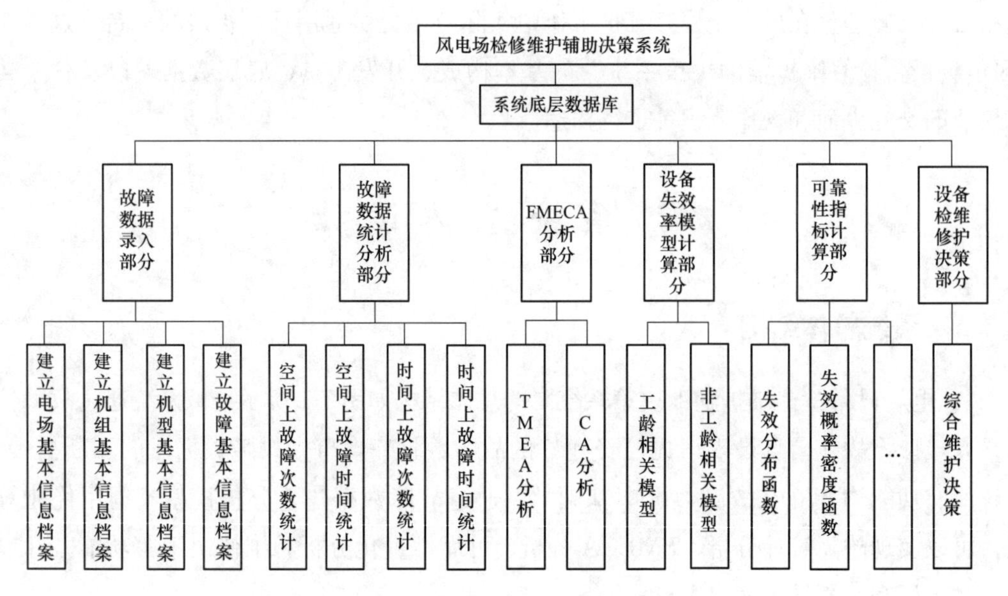

图 7-2 风电场设备检修维护辅助决策系统功能结构图

7.2.2 系统功能分析

系统按照功能划分为以下几个模块：

1. 风电场设备故障管理模块

风电场基本信息档案和故障数据库的建立。风电场设备的基本信息档案包括风电场设备的基本信息和设备故障基本信息。

（1）风电场设备的基本信息：所在风电场、风力发电机组数量及编号、机组型号、机组容量、生产厂商、投运时间等。

（2）设备故障基本信息：基于风电场故障处理操作票记录信息，按照统一格式将故障编号、机组编号、故障发生时间、故障结束时间、故障模式（与说明书一致）、故障模式编号（与说明书一致）、故障对象、故障形式、故障对象数量、故障对象所在部位、故障影响（最终）、故障影响等级、处理方法、处理对象、处理对象数量、处理对象所在部位等）等信息录入到故障数据库，作为后续维修管理系统的基本数据。

故障数据库为可扩充数据库，在本软件系统所涉及的风电场范围内，要求对所有开具故障处理操作票的维修事件进行全面的信息录入，建立完整动态的故障数据库。该数据库是后续功能模块的前提。

2. 风电场设备故障数据统计分析模块

在故障数据库的基础上，可以按照时间、风电场设备、风力发电机组整体或部件等条目对风电场设备的故障数据进行统计分析，给出故障次数空间及时间分布的相关信息，包括故障次数、故障停机时间等统计结果，使设备运行维护和维修人员可以快速直观地了解掌握风电场设备的故障模式及故障统计分布特征（时间域或空间性）。

3. 风电场设备故障模式、影响及危害分析（FMECA）模块

FMECA 功能是以可靠性为中心的维修的重要环节，通过对风电场设备的故障统计分析和机理分析，建立风电场设备的完善的 FMECA 表，计算确定设备各个部件的重要度参数，为确定整机和主要部件的维修策略提供技术支持。本功能模块以当前故障数据库数据为基础，可以自动建立或扩展 FMECA 分析结果，形成不断更新完善的 FMECA 表。

4. 风电场设备失效模型及可靠性指标计算模块

以故障数据库数据为基础，根据风电场设备（整机、部件）故障随时间的变化规律，根据设备系统及部件的可靠性分析方法，建立不同时间段的故障失效率模型，进行各种宏观和微观可靠性指标的计算分析，形成可靠性分析报表，为实现以可靠性为中心的风电场设备维修决策提供技术支持。

5. 以可靠性为中心的风电场设备检修维护决策模块

在上述故障统计分析、FMECA 分析、失效率模型及可靠性分析的基础上，根据计算得到的相关模型及数据，综合考虑各种因素，形成风电场设备（整机及部件）的优化维护策略决策结果，作为风电场制定设备运行维护和维修决策的参考依据。

7.3 系统数据库设计与管理

7.3.1 数据库结构及构建方法

（1）采用 Access 数据库作为辅助决策系统的底层，为整个辅助决策系统运行提供安全可靠的数据支撑。Access 数据库是 Microsoft office 办公软件工具包中专门用来进行数据库系统开发的软件，常用数据库软件还包括 Oracle、DB2 等。综合考虑检修辅助决策系统中数据量的大小以及广大计算机应用人员对数据库软件的熟悉程度，决定使用 Access 数据库作为辅助决策系统的底层。

（2）在满足管理故障数据的基础上，优化数据库底层结构，按照数据库理论的第一、第二及第三范式，合理拆分数据表格，同时也为数据字段的进一步扩展留足空间。

拆分的表格有公司表、风电场表、地区表、机组表、机型表、生产厂商表、故障表、故障模式表、故障原因表、故障原因记录表、处理方法表、故障处理记录表、对象表、供货表、供应商表。

（3）实施参照完整性，加入大量验证规则及字段掩码以保证数据录入时的严格规范。不允许残缺不全的数据录入，不允许相同的数据二次录入，不允许错误的数据录入，使得数据库中的每一条数据都真实可靠，这样统计的结果才更加精准。避免出现因某一误差极大的数据而带偏最终结果的情况，同时也为后续的数据使用提供方便。

（4）采用能选则选，不能选商议后添加的原则。在向数据库录入数据的同时，已有的条目可以直接从下拉列表中选择，没有的条目商议后进行添加，以此简化数据的输入，提高录入效率，随着数据的不断录入，数据库中的条目不断增多，数据库自身得到完善。

7.3.2 数据库内容及作用

“风电场设备检修维护辅助决策系统”的基础数据库是系统运行的基础，数据库包括设备基本信息库、设备故障信息库、FMECA 表等部分。基础数据库构成整个系统的数据源和知识源。各个库的作用：

（1）设备基本信息库：存储风电场（群）设备的基本信息，如所在风电场、风力发电机组数量及编号、机组型号、机组容量、生产厂商、投运时间等。

（2）设备故障信息库：基于风电场故障处理操作票记录信息，按照统一格式将故障编号、机组编号、故障发生时间、故障结束时间、故障模式（与说明书一致）、故障模式编号（与说明书一致）、故障对象、故障形式、故障对象数量、故障对象所在部位、故障影响（最终）、故障影响等级、处理方法、处理对象、处理对象数量、处理对象所在部位等）等信息。

（3）FMECA 表：在风电场设备的故障统计分析和机理分析基础上形成的风电场设备的 FMECA 表，包含设备各部件的故障模式、原因、重要度参数、故障处理方式等信息。

7.4 系统模型库设计与管理

系统模型库是辅助决策系统的重要组成部分，系统模型库主要存储系统运行所需的各个算法模型，如危害性矩阵模型、基于支持向量回归的威布尔分布模型、蒙特卡罗算法模型、灰色关联度模型、熵法模型。通过模型库系统对各个算法模型进行有效管理和使用。模型库中的模型算法以目标程序文件的型式保存，可以重复使用，避免冗余，并且系统模型库还可以将单个模型根据应用需要进行合成形成复合模型，以满足复杂决策分析调用。

模型库管理主要完成以下功能：算法模型的存储管理、模型调用管理、模型运算管理、模型组合的支持管理。模型的存储管理主要包括模型的表示、模型存储的分类结果、模型的即时查询和日常维护工作等；模型的调用管理主要包括在系统运行过程中，执行运行任务时对模型程序的调用指令管理；模型运行管理主要完成模型程序的输入和编译以及模型的运算控制，还有模型对数据的存取；模型的组合设计各个算法模型之间的组合结构以及数据之间的共享和传递。

7.5 系统知识库设计与管理

系统知识库是由知识库管理系统以及知识数据库组合而成。

知识库是一个按照预先设置好规则的存储的知识数据综合体。在系统知识库中主要存放的有风电场数据信息、风力发电机组各项具体参数信息，通过人工记录完善的风力发电机组维修技术手册和设备维护技术手册的所有信息，已经规划分类记录的、已定义完成的设备故障信息数据，以及故障模式对应和算法模型对应的求解知识和关于知识学习的通用知识，并按不同用途分别建立的专用知识库和通用知识库信息。

知识库管理系统主要通过对知识库的有效组织与管理，实现对知识库各项数据的有效查询、调用、修改、维护等操作。知识库管理系统主要由以下 3 个部分组成：

（1）数据库接口管理：确保其他功能模块可以从知识数据库中提取相对应的各类数据。

（2）与模型库的接口管理：主要是确保为得到各种可靠性分析结果等运算选取对应数学模型。

（3）各项人工汇总形成的外部知识数据有效导入，以及对现有知识数据的更新修订管理。知识数据库以 Access 数据库技术为基础，存储已设置好的模型参数，风力发电机组基础故障数据、scada 数据，以及经过系统运算以后生成的设备可靠性数据、设备故障统计数据、决策结果数据等。

7.6 系统功能展示

7.6.1 系统交互界面

单击“风电场设备检修维护辅助决策系统”，将进入如图 7-3 所示的功能选择界面。

功能选择界面用于选择各个功能模块，执行相关操作。如果需要录入故障数据，则点击“故障数据录入”进入该功能模块，其他类似。

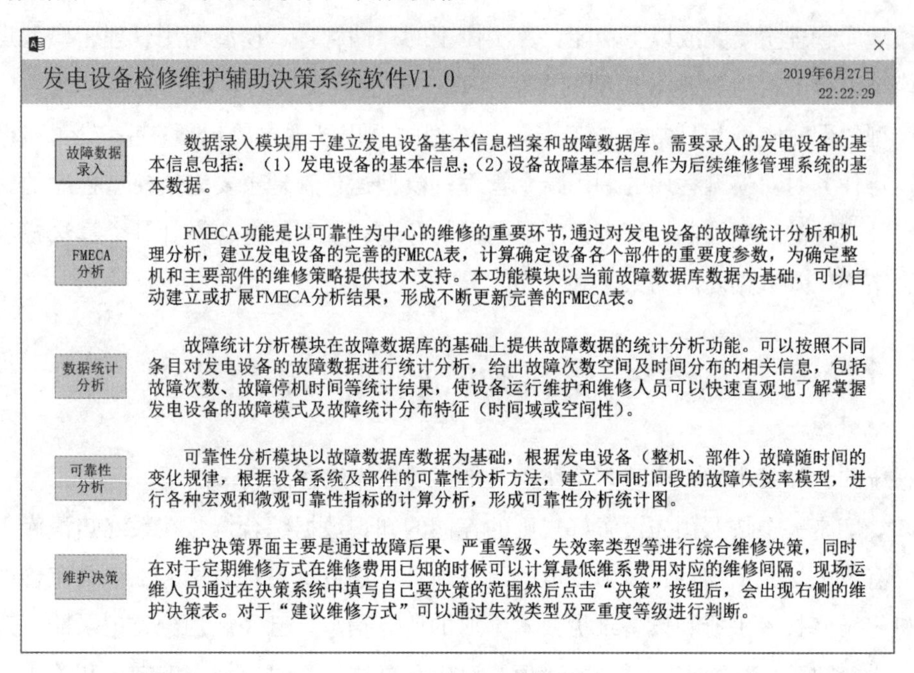

图 7-3　功能选择界面

7.6.2　故障数据录入

数据录入模块用于建立风电场基本信息档案和故障数据库。需要录入的风电场设备的基本信息包括：

（1）风电场设备的基本信息：所在风电场、风力发电机组数量及编号、机组型号、机组容量、生产厂商、投运时间等。

（2）设备故障基本信息：基于风电场故障处理操作票记录信息，按照统一格式将故障编号、机组编号、故障发生时间、故障结束时间、故障模式（与说明书一致）、故障模式编号（与说明书一致）、故障对象、故障形式、故障对象数量、故障对象所在部位、故障影响（最终）、故障影响等级、处理方法、处理对象、处理对象数量、处理对象所在部位等信息录入到故障数据库，作为后续维修管理系统的基本数据。数据录入界面如图 7-4 所示。

为了确保故障数据的准确录入，在故障原因及处理办法等地方设置了下拉菜单，如图 7-5 所示。菜单中提供了目前已经存在于数据库中的故障原因及处理办法条目，如果遇到条目中没有的故障原因及处理办法，可以点击信息树上的“故障原因”及“处理办

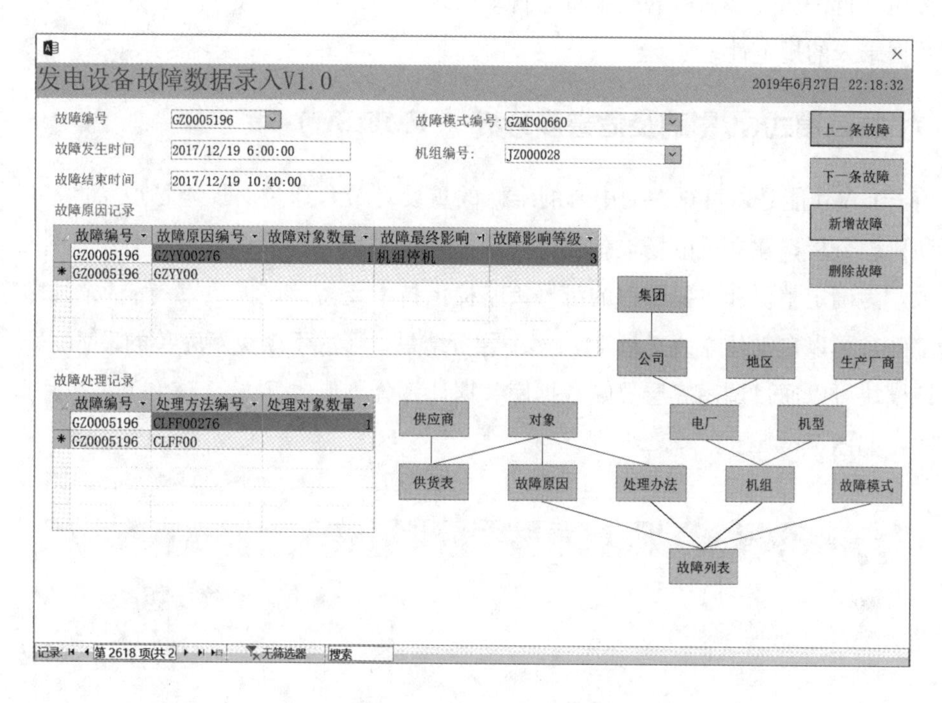

图 7-4　数据录入界面

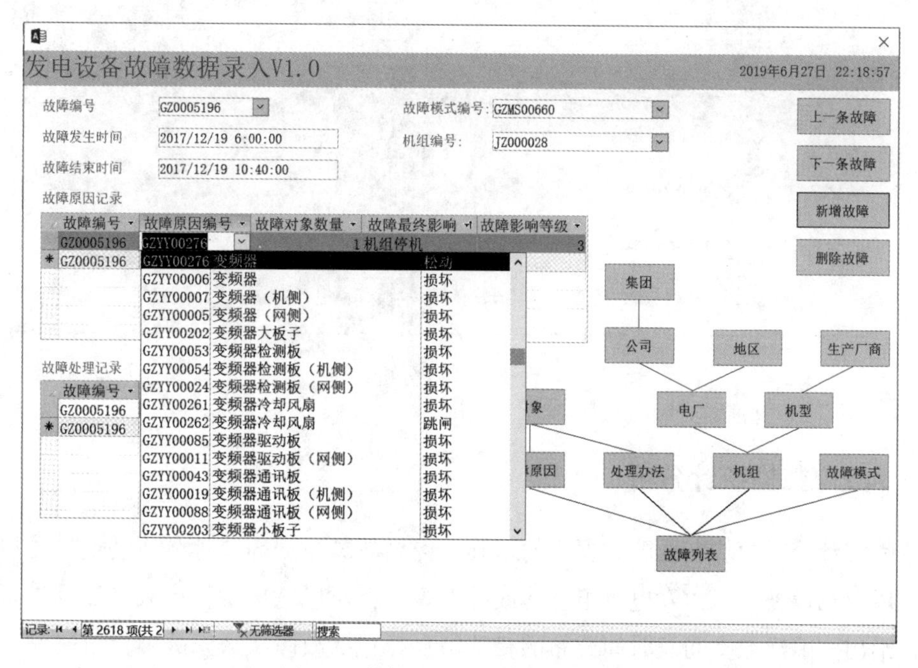

图 7-5　数据录入界面中的下拉菜单

法”按钮进行添加，添加后的结果将会自动出现于上述的下拉菜单中，这样的设计也保证了数据录入的规范性。

7.6.3 故障模式、影响及危害度分析（FMECA）

FMECA 功能是以可靠性为中心的维修的重要环节，通过对风电场设备的故障统计分析和机理分析，建立风电场设备的完善的 FMECA 表，计算确定设备各个部件的重要度参数，为确定整机和主要部件的维修策略提供技术支持。该模块以当前故障数据库数据为基础，可以自动建立或扩展 FMECA 分析结果，形成不断更新完善的 FMECA 表。

该模块可以通过调用底层故障数据库数据计算分析形成 FMEA 表和 CA 故障危害性矩阵图，如图 7-6 所示。

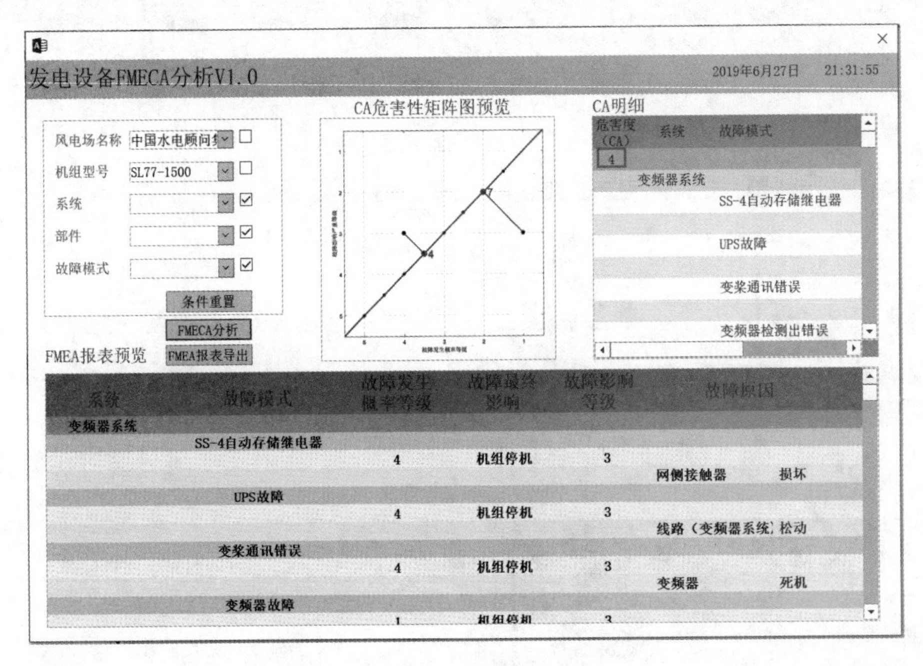

图 7-6 FMECA 分析界面

7.6.4 故障数据统计分析

故障统计分析模块在故障数据库的基础上提供故障数据的统计分析功能。可以按照时间、风电场设备、风力发电机组整体或部件等条目对风电场设备的故障数据进行统计分析，给出故障次数空间及时间分布的相关信息，包括故障次数、故障停机时间等统计结果，使设备运行维护和维修人员可以快速直观地了解掌握风电场设备的故障模式及故障统计分布特征（时间域或空间性）。

故障数据统计分析模块主要分为按系统查询，按部件查询、按年份查询、按月份查询和按机组号查询五个查询统计方式，如图 7-7 所示。

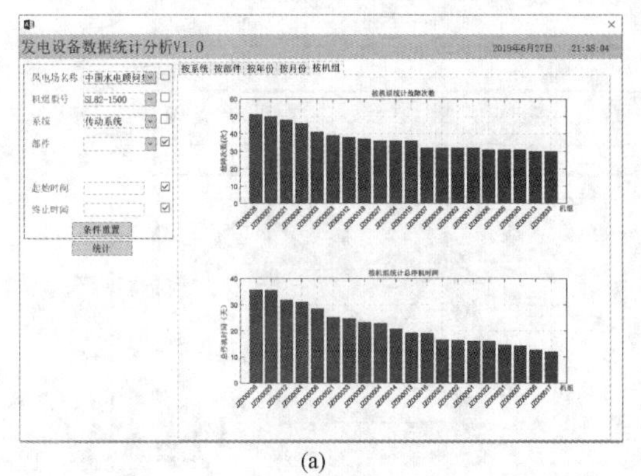

(a)

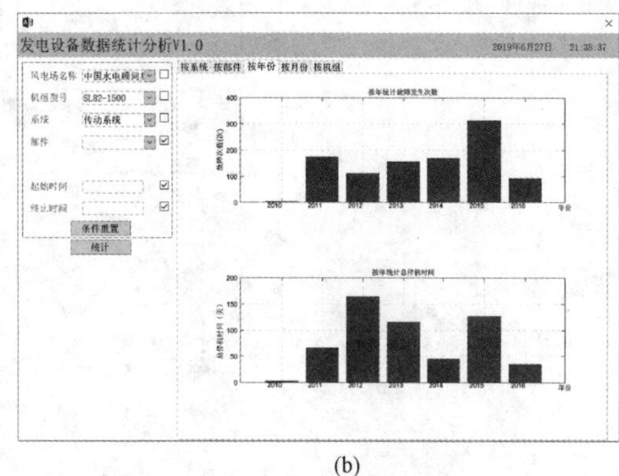

(b)

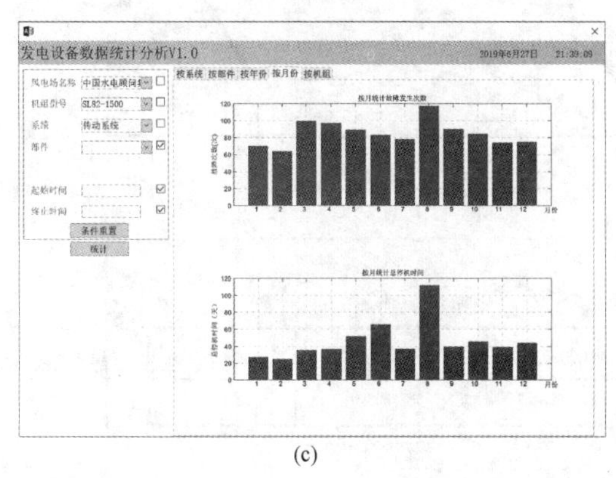

(c)

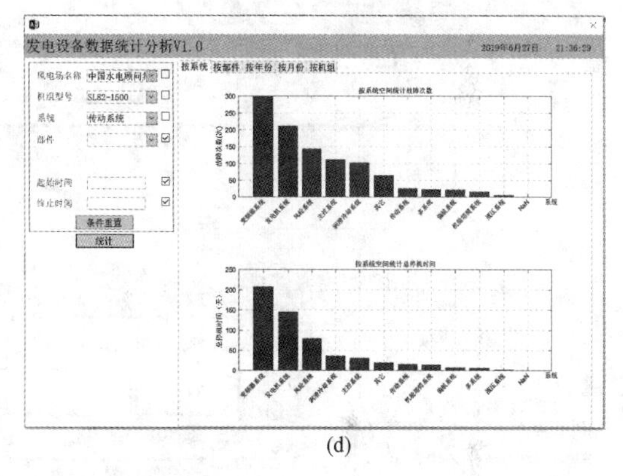

(d)

图 7-7 故障数据统计查询显示

(a) 按机组查询；(b) 按年份查询；(c) 按月份查询；(d) 按部件查询

7.6.5 风力发电机组可靠性分析

可靠性分析模块以故障数据库数据为基础，根据风电场设备（整机、部件）故障随时间的变化规律，根据设备系统及部件的可靠性分析方法，建立不同时间段的故障失效率模型，进行各种宏观和微观可靠性指标的计算分析，形成可靠性分析报表。可靠性分析界面主要是计算风电场可靠性分析过程中会涉及的宏观指标和微观指标，主要功能包括查询和计算，风电场运维人员可以通过查询功能来看到自己关注的“系统”“部件”或“机组型号”的相关可靠性指标的值，可靠性分析功能分析界面如图 7-8 所示。

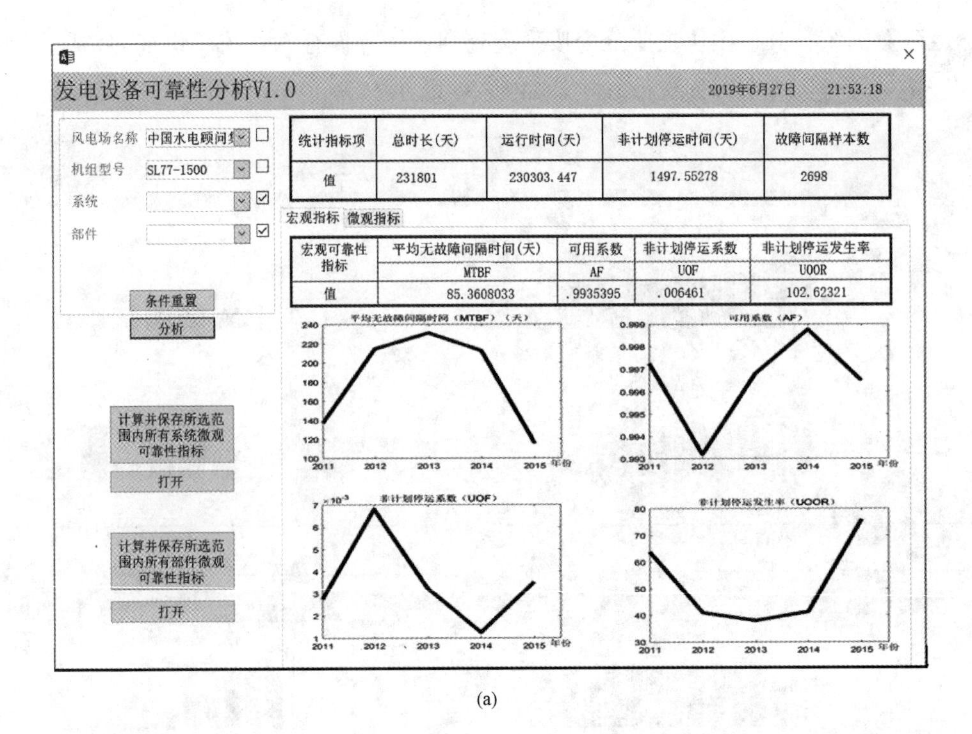

(a)

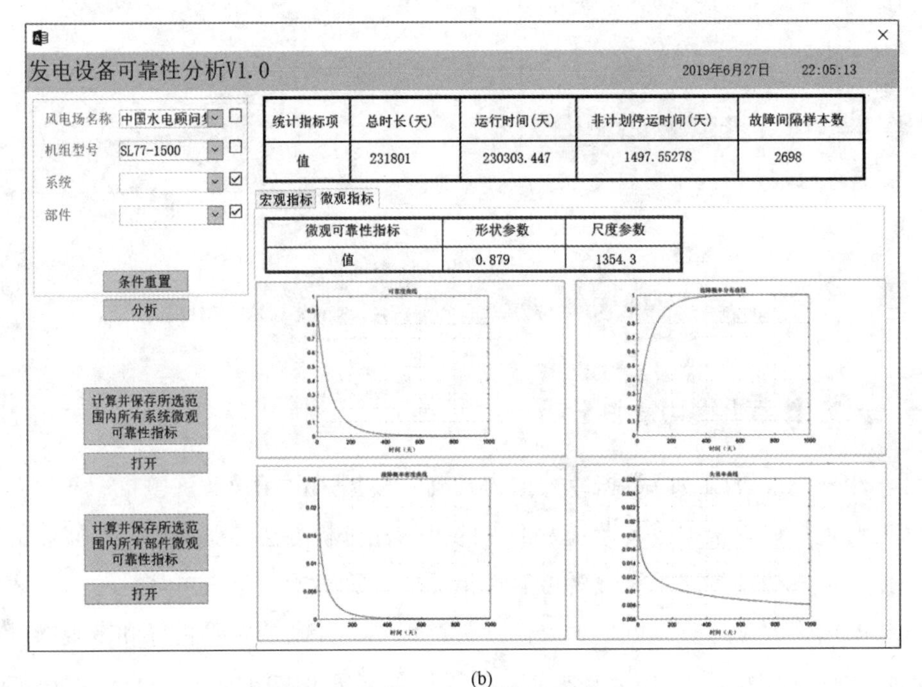

(b)

图 7-8　可靠性分析结果

（a）宏观指标计算结果；（b）微观指标计算结果

宏观可靠性指标计算范围包括“风电场”“机组型号”“系统”“部件”等，宏观可靠性指标包括“可用系数 AF”“非计划停运系数 UOF”“非计划停运发生率 UOOF”等。微观指标计算包括“可靠度”“不可靠度”“失效概率密度”“失效率”“可靠寿命”等。首先通过威布尔分布的方法进行分布拟合，拟合分布过程中用到的数据为“故障间隔样本”。

可靠性指标用途包括宏观指标的用途和微观指标的用途。

（1）宏观指标的用途：宏观指标主要用于分析风电场采样时间段内整体的运行状况。同时可以表现某系统从投运以来相关指标的变化情况，发现可能存在的问题及变化趋势，评价维护水平。

（2）微观指标的用途：“可靠度”“不可靠度”可以显示可靠度的变化情况，“失效率”可以用来判断采用何种的维修方法，“可靠寿命”可用来设定阈值判断故障的严重程度。

7.6.6 风力发电机组维修决策及优化

维修决策界面主要是通过故障后果、严重等级、失效率类型等进行综合维修决策，同时在对于定期维修方式在维修费用已知的时候可以计算最低维系费用对应的维修间隔。现场运维人员通过在决策系统中填写自己要决策的范围然后点击“决策”按钮后，会出现右侧的维护决策表。对于“建议维修方式”可以通过失效类型及严重度等级进行判断。维修决策界面如图 7-9 所示。

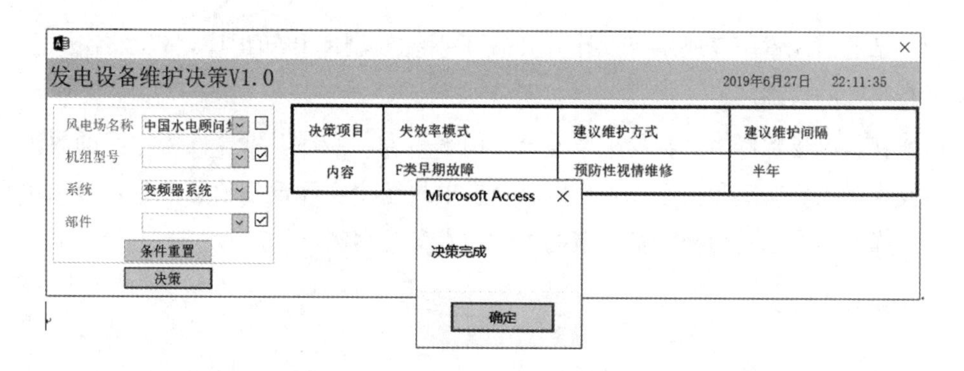

图 7-9　风电场设备维修决策结果

7.7 本 章 小 结

本章在分析国内外风力发电机组相关运行管理与设备状态监测及故障诊断系统研究的基础上，设计并开发出适合我国当前风力发电行业实际现状的风力发电机组检修维护辅助决策系统。该系统有别于现有的运营管理系统及状态监测及故障诊断系统，具有鲜明的特点。一方面它可以与当前风电场现场运维现状有效融合，可以充分利用现有的生产运营管理数据（包括设备台账、风力发电机组历史运行数据、设备缺陷统计等）、在线和离线风力发电机组监测诊断数据、系统实时故障数据等信息进行维修策略制定，使系统为运维人员提供更为真实、准确的辅助维修决策支持；另一方面该系统作为风力发电机组检修维护辅助决策通用平台，其应用结果既可满足基层运维人员制定设备检修维护策略，还满足顶层管理人员加强设备可靠性管理的监督和管理功能，同时通过选择不同风电场和风力发电机组类型，可以实现针对风力发电机组通用的检修维护策略查询和有针对性的风力发电机组检修维护策略分析，使得系统适用范围更广，分析结论更具有可操作性。该系统集成了 FMECA 分析逻辑表、蒙特卡洛模型、模糊分析等先进模型和算法。本章研究成果包括：

（1）基于分布式系统结构理念，详细阐述了系统总体设计方案，包括系统总的设计开发目标、总体系统结构、系统功能布置和个功能模块，以及系统软硬件结构等。

（2）数据库是风力发电机组检修维护辅助决策系统各项功能实现的基础，本章在详细分析设备历史和实时故障数据及影响的各种复杂量化数据也纳入系统的数据库管理，并且有效实现了数据库与相关模型库和知识库的对接，确保各相关功能应用模块的调用。

（3）结合前几章研究成果，设计并开发了系统模型库和知识库，以及各功能模块，并实现其高效的管理。

（4）在风电场检修维护辅助决策系统通用平台上，实现以可靠性为中心的风力发电机组检修维护策略制定和决策，并且以风力发电机组中实际设备故障信息，给出了系统实时以可靠性为中心的检修维护决策的关键技术实现案例。

8 风力发电机组 RCM 实施评价

8.1 结　　论

本书以风力发电机组预防性维修决策技术为研究对象，针对当前风电领域维修决策方法的缺点，利用以可靠性为中心的维修理论，研究建立针对风力发电机组的以可靠性为中心的预防性维修决策模型，论证该模型的实际应用效果，并基于此设计开发了风力发电机组检修维护决策支持系统，以此推动以可靠性为中心的维修方法在风力发电机组日常运维工作中的应用。本书的主要结论和研究成果如下：

（1）分析了当前国内风电领域维修模式的现状及优缺点，指出实施预防性维修决策在风电领域应用的必要性，同时在充分研究 RCM 理论基本模型的基础上，综合考虑风力发电机组设备的实际结构和功能特点，指出了 RCM 理论在风力发电机组维修决策中存在的技术不完善的地方，并提出了有针对性的改进措施，建立了基于 RCM 理论的风力发电机组预防性维修决策分析方法，明确了为确保模型应用所必须解决的 FMECA 分析、设备可靠性分析、设备重要度分析、维修决策 4 项关键技术。

（2）介绍了 RCM 理论中 FMECA 传统分析方法，论述了传统 FMECA 分析方法在风力发电机组上应用的流程，基于实际风力发电机组故障数据，指出了传统 FMECA 分析流程中利用矩阵图法确定风力发电机组各子系统和部件故障危害度方面存在模糊和重叠的缺陷，建立了基于灰色理论的 FMECA 分析模型，给出了符合风力发电机组运行实际的 FMECA 分析报表，表明了利用灰色理论方法，将风力发电机组各子系统及部件故障危害度的模糊描述，通过灰色关联度计算得到了更为精确的排序，为风力发电机组故障危害度的精准辨识提供了更为有效的方法，并基于这一成果改进了传统 FMECA 分析内容和结论使用方法，提高了 FMECA 分析表的工程应用效果。

（3）介绍了目前常用的设备可靠性分析方法，确定了风力发电机组可靠性分析流程，研究建立了基于支持向量回归机的威布尔分布函数的风力发电机组可靠性评价模型，并给出了实例分析，验证了基于支持向量回归机的威布尔分布函数在针对投运初期数据较少情况下开展风力发电机组可靠性评价的准确性。

（4）针对风力发电机组运行实际，结合现场运维人员日常经验，建立了风力发电机组各子系统及部件的重要度评价体系，确定了9个影响重要度的因素，提出了各因素的具体量化评分标准；根据设备重要度评价存在因个人的主观判断和经验差异造成的模糊性，利用蒙特卡洛算法有效克服这一缺陷，并在计算风力发电机组子系统和部件重要度排序的基础上，建立了基于蒙特卡罗算法的风力发电机组子系统和部件重要度评价模型，并给出了评价实例。

（5）介绍了维修决策的方式以及预防性维修的基本理念，确立了风力发电机组开展预防性维修的工作流程。研究建立了基于熵法的预防性维修决策模型，克服了RCM基本模型中设备重要度及故障危害度等决策因素权重分配不清晰的问题，使预防性维修决策中各因素权重分配更符合设备运行实际，有效提高了预防性维修决策的准确性，并给出了实例分析。

（6）详细分析了风电场在风力发电机组预防性维修决策过程中的实际业务流程，在此基础上利用本书研究的以可靠性为中心的维修决策模型及各项关键技术模型，设计并开发了风力发电机组检修维护辅助决策系统，构建了风力发电机组故障数据库，通过选择风力发电机组各子系统或部件对象，可以得到对应子系统或部件在整个风力发电机组中的重要度排序、可靠性评价结果，以及发生故障的危害程度，最终通过系统运算得到预防性维修实施的时机和时间间隔，以及对应重点工作内容。该系统的成功开发和应用，为风力发电机组维修辅助决策提供了有效工具，同时为RCM理论在风电领域的应用实践打下了坚实基础。

8.2 后 续 工 作

国内在风电领域开展RCM理论方法研究方面还处于起步阶段，本书研究为RCM理论在风电领域的工程应用做了一些系统性探索工作，但这些工作还只是开始，在理论和工程应用方面都需要进一步的深入研究。

（1）改进FMECA分析方法，对设备的故障模式和种类的分类进行细化，从而更好得到较准确的故障模式描述，为下一步故障危害的确定提供更好的依据。

（2）针对设备重要度评价分析，不断优化设备影响因素，本书只是根据风电场现场较短运行期总结出来的影响因素，随着风电场运行时间的增加，对设备问题的积累，风力发电机组的影响因素还应进一步细化，从而更好地反映出设备重要度水平。

（3）加强风力发电机组和系统状态监测数据的采集和应用，在本书研究RCM实施方法的基础上，增加针对风力发电机组和系统状态预测模型的研究，提高风力发电机组和系统中、长期预测精度，从而更准确地反映风力发电机组的实际状况，从而为后续设备寿命研究和分析，以及对应预防性维修方法的决策提供更准确的数据支持。

（4）进一步完善风力发电机组检修维护决策支持系统，并持续在风电场中实践应用，不断收集风力发电机组运行数据和故障数据，提高设备可靠性量化分析指标准确性，提高维修决策的准确性，同时进一步收集与故障模式对应的检修维护方法，从而更好应用于实际风电场。

参考文献

[1] J　莫布雷．以可靠性为中心的维修 [M]. 石磊，谷宁昌．译．北京：机械工业出版社，1995.

[2] 李葆文．设备管理新思维新模式 [M]. 北京：机械工业出版社，1999.

[3] 赵代英．基于灰色关联度理论的电力变压器维修策略研究 [D]. 华北电力大学博士学位论文，2017.

[4] 董昊．基于半马尔科夫决策过程的变压器状态优化维修策略的研究 [D]. 华北电力大学，2016.

[5] 张翠玲．电力变压器综合评判和状态维修策略决策方法的研究 [D]. 东北大学，2015.

[6] 王茜．输变电设备维修决策支持系统研究 [D]. 华北电力大学，2015.

[7] 盛晔．输变电设备维修策略的研究 [D]. 浙江大学，2004.

[8] 徐波，韩学山，李业勇，等．电力设备机会维修决策模型 [J]. 中国电机工程学报，2016，36 (23)：6379-6388，6603.

[9] 谷凯凯，周正钦，冯振新，等．一种基于改善因子与经济性的电力设备维修策略选择方法 [P]. 上海：CN106127311A，2016-11-16.

[10] 杨良军．基于灰色关联度和理想解法的变压器状态维修策略决策 [D]. 重庆大学，2009.

[11] 黄光球，梅莉，孟亮．基于黑板的多 Agent 分布式协同决策 [J]. 情报技术，2005，(2)：8-10.

[12] 郭江，曾洪涛，肖志怀．基于知识网格的电厂协同维护决策支持系统探讨 [J]. 电力系统自动化，2007，31 (4)：85，90.

[13] A　H　Christer，W　Wang. A Model of Condition Monitoring of A Production Plant [J]. International Journal of Production Research. 1992，30 (9)：2199-2211.

[14] M　Black，A　T　Brint，J　R　Brailsford. A Semi-markov Approach for Modeling Asset Deterioration [J]. Journal of Operational Research Society. 2005，6 (11)：1241-1249.

[15] 张海军，左洪福，梁剑，等．民航视情维修决策优化模型发展 [J]. 中国工程科学，2005，7 (11)：17-20.

[16] 严志军．机械设备状态维修最佳检测周期的仿真分析方法 [J]. 中国设备管理，2001 (2)：11-12.

[17] 梁剑．基于成本优化的民用航空发动机视情维修决策研究 [D]. 南京航空航天大学博士论文，2004.

[18] 石慧，曾建潮．基于寿命预测的预防性维护维修策略 [J]. 计算机集成制造系统，2014，20 (5)：1133-1135.

[19] 张宏，王健，文福拴，等．兼顾可靠性和经济性的电力设备最优状态维修策略 [J]. 电力科学与工程，2006 (2)：8-13.

[20] 卢雷，杨江平．任意寿命分布下 $k/N(G)$ 系统定时维修决策模型 [J]. 现代防御技术，2015，43 (1)：135-139.

[21] 高萍，吴甦．基于蒙特卡罗方法的设备维修决策模型 [J]. 系统仿真学报，2007，19 (22)：5112，5114.

[22] 董玉亮，顾煜炯，杨昆．基于蒙特卡罗模拟的发电厂设备重要度分析 [J]. 中国电机工程学报，2003，23 (8)：201-205.

[23] 张毅．基于重要度划分的设备维修方式决策 [J]. 武器装备自动化，2005，24 (6)：23，24.

[24] 常建娥，蒋太立．模糊综合评判在设备维修决策中的应用 [J]. 组合机床与自动化加工技术，2006 (3)：26-28.

[25] 顾煜炯，陈昆亮，杨昆．基于熵权和层次分析的电站设备维修方式决策 [J]. 华北电力大学学报，2008，35 (6)：72，78.

[26] 陶基斌，郭应征，周太全．基于前馈式神经网络的化工设备维修方式决策 [J]. 南京化工大学学报，2000，22 (5)：11-14.

[27] 戈猛．维护管理中维护方式选择与维护能力评估研究 [D]. 天津大学，2006.

[28] 曲立．基于约束的设备维修方式选择 [J]. 北京机械工业学院学报，2002，17 (4)：60-63.

[29] 夏良华，贾希胜，徐英．设备维修策略的合理选择与决策流程 [J]. 火炮发射与控制学报，2006 (4)：63-68.

[30] 张树忠，曾钦达，高诚辉．以可靠性为中心的维修 RCM 方法分析 [J]. 世界科技研究与发展，2012，34 (06)：895-898.

[31] 杨立飞，江虹．RCM 在核电站维修大纲建设与优化中的应用 [J]. 中国设备工程，2012 (3)：18-20.

[32] 素洪春．电力系统以可靠性为中心的维修 [M]. 北京：机械工业出版社，2009.

[33] 李素婷．设备状态维修决策及其优化研究 [D]. 重庆大学，2010.

[34] de la Cruz-Aragoneses M D L，Nápoles-García M，Morales-Hernández Y，et al. Procedimiento basado en el modelo conceptual del mantenimiento centrado en la fiabilidad para la reconversión de la industria azucarera en el contexto cubano [J]. Tecnología Química，2017：67-78.

[35] Moslemi N，Kazemi M，Abedi S M，et al. Mode-based reliability centered maintenance in transmission system [J]. INTERNATIONAL TRANSACTIONS ON ELECTRICAL ENERGY SYSTEMS，2017，27 (4).

[36] Koksal A，Ozdemir A. Improved transformer maintenance plan for reliability centred asset management of power transmission system (vol 10，pg 1976，2016) [J]. IET GENERATION TRANSMISSION & DISTRIBUTION，2017，11 (4)：1082.

[37] Pourahmadi F，Fotuhi-Firuzabad M，Dehghanian P. Application of Game Theory in Reliability-Centered Maintenance of Electric Power Systems [J]. IEEE TRANSACTIONS ON INDUSTRY AP-

PLICATIONS，2017，53（2）：936-946.

［38］Gania I P，Fertsch M K，Jayathilaka K R K. RELIABILITY CENTERED MAINTENANCE FRAMEWORK FOR MANUFACTURING AND SERVICE COMPANY：FUNCTIONAL ORIENTED［M］//2017：721-725.

［39］Umamaheswari E，Ganesan S，Abirami M，et al. Stochastic Model based Reliability Centered Preventive Generator Maintenance Planning using Ant Lion Optimizer［J］. PROCEEDINGS OF 2017 IEEE INTERNATIONAL CONFERENCE ON CIRCUIT，POWER AND COMPUTING TECHNOLOGIES（ICCPCT），2017.

［40］Geiss C，Guder S. Reliability-Centered Asset Management of Wind Turbines-A Holistic Approach for a Sustainable and Cost-Optimal Maintenance Strategy［J］. 2017 2ND INTERNATIONAL CONFERENCE ON SYSTEM RELIABILITY AND SAFETY（ICSRS），2017：160-164.

［41］Vilayphonh O，Premrudeepreechacharn S，Ngamsanroaj K. Reliability Centered Maintenance for Electrical Distribution System of Phontong Substation in Vientiane Capital［J］. 2017 6TH INTERNATIONAL YOUTH CONFERENCE ON ENERGY（IYCE），2017.

［42］Lazecky D，Kral V，Rusek S，et al. Software Solution Design for Application of Reliability Centered Maintenance in Preventive Maintenance Plan［M］//2017：87-90.

［43］Yuniarto H A，Baskara I. Development of Procedure for Implementing Reliability Centred Maintenance in Geothermal Power Plant［M］//2017：934-938.

［44］B Yssaad，A Abene. Rational Reliability Centered Maintenance Optimization for power distribution systems，Electrical Power and Energy Systems，2015. 73：350-360.

［45］Diego Piasson，Andre A P Biscaro，Fabio B Leao，et al. A new approach for reliability-centered maintenance programs in electric power distribution systems based on a multiobjective genetic algorithm［J］. Electrical Power and Energy Systems，2016，137：41-50.

［46］武禹陶，贾希胜，温亮，等．以可靠性为中心的维修（RCM）发展与应用综述［J］. 军械工程学院学报，2016.（4）.

［47］刘相新，黎兰，倪志斌，等．发射车以可靠性为中心的维修分析［J］. 导弹与航天运载技术，2015（05）：55-58.

［48］姚战军，罗明洋．以可靠性为中心的维修推广应用研究［J］. 装备学院学报，2013，24（3）：122-125.

［49］赵建忠，丁广兵，郭宏超．以可靠性为中心的维修分析在导弹武器装备维修工作中的应用研究［J］. 质量与可靠性，2012（01）：10-13，49.

［50］郑重，徐廷学，王相飞．飞航导弹以可靠性为中心的维修分析研究［J］. 飞航导弹，2011（1）：44-48.

［51］倪树敏．导弹产品以可靠性为中心的维修分析研究［D］. 哈尔滨工业大学，2013.

[52] 邵雨晗，辛安，辛后居．以可靠性为中心的航空器材维修方法研究［J］．价值工程，2016，35（4）：121-123.

[53] 陈圣斌，曾曼成，郝宗敏，等．以可靠性为中心的基于状态维修的分析及其应用研究［J］．直升机技术，2012（03）：62-68.

[54] 杨小舫．浅淡“以可靠性为中心”航空维修［A］．中国航空学会航空维修工程专业分会．航空装备维修技术及应用研讨会论文集［C］．中国航空学会航空维修工程专业分会 2015：6.

[55] 孙楠楠．以可靠性为中心的高铁接触网预防性机会维修研究［D］．华东交通大学，2018.

[56] 曾成，敖银辉．以可靠性为中心的维修在地铁车辆检修中的运用研究［J］．现代制造技术与装备，2017（5）：150-152.

[57] 李瑞龙．地铁车辆以可靠性为中心的维修实施方法研究［J］．中国高新技术企业，2017（3）：100-102.

[58] 李争，徐叙．以可靠性为中心的维修在地铁车辆转向架系统中的应用［J］．都市快轨交通，2016，29（2）：113-117.

[59] 许秀锋．基于以可靠性为中心的地铁车辆维修［J］．城市轨道交通研究，2012，15（5）：124-125.

[60] 刘骄．以可靠性为中心的维修在高速铁路道岔中运用研究［D］．中国铁道科学研究院，2014.

[61] 王灵芝．以可靠性为中心的高速列车设备维修决策支持系统研究［D］．北京交通大学，2011.

[62] 王海峻，徐永能，陈城辉．南京地铁运用全面生产维修和以可靠性为中心的维修相结合的维修效果评估［J］．城市轨道交通研究，2010，13（7）：12-15.

[63] 孙伟峰．石化装备以可靠性为中心的维修［D］．太原理工大学，2015.

[64] 李奇璞．以可靠性为中心的维修在石油化工企业内电机维护上的应用［J］．中国石油和化工标准与质量，2014，34（5）：249.

[65] 徐微．以可靠性为中心的设备维修决策技术研究与应用［D］．北京化工大学，2012.

[66] 高金吉．石化设备以可靠性为中心的智能维修系统［J］．中国设备工程，2008（1）：2-4.

[67] 梅启智．大型核电厂电力系统可靠性分析［J］．核动力工程，1994（6）：486-492.

[68] 薛大知，梅启智，奚树人．PSA 发展现状及其应用［J］．核科学与工程，1996（3）：235-242.

[69] 王位．以可靠性与技术特性为中心的维修技术在核电站的应用［J］．电力设备管理，2018（7）：67-69.

[70] 沈爱东．以可靠性为中心的维修在 CANDU6 核电机组的应用［D］．兰州大学，2011.

[71] 洪振旻，武涛，陈宇，等．以可靠性为中心的维修在大亚湾核电基地的应用［J］．核能行业可靠性维修，2009.

[72] 李晓明，景建国，陈世均．以可靠性为中心的维修在大亚湾核电站的应用及其推广［J］．核科学与工程，2001（S1）：19-24.

[73] 邹维祥，邹家懋．海阳核电厂 RCM 的应用研究．核动力工程［J］，2014（3）：170-172.

[74] 刘大银．以可靠性为中心的维修在秦山三期重水堆核电站装卸料机系统上的应用研究［D］．上海交通大学，2006.

[75] 王震亚，谢圣华，汤国祥．以可靠性为中心的核电厂厂用水系统维修分析［J］．核动力工程，2011，32（5）：113-116，120.

[76] 陈世均，以可靠性为中心的维修（RCM）在大亚湾核电基地的应用与创新．广东省，广东核电合营有限公司，2008-12-01.

[77] 陈志林．以可靠性为中心的维修体系在大亚湾核电站的应用［J］．中国设备工程，2006（6）：13-14.

[78] 曹钟中，李艳秋，杨昆，等．以可靠性为中心的维修技术在汽轮机及其辅助设备系统的应用[J]．热力发电，2003（4）：2-4，20-21.

[79] 田丰．论以可靠性为中心的火电机组的维修［J］．电力建设，2002（10）：52-54.

[80] 曹钟中，杨昆，顾煜炯，等．汽轮机及其辅助设备系统以可靠性为中心的维修（RCM）的技术分析原则［J］．国际电力，2002（3）：30-35.

[81] 庞力平，杨昆，商福民．基于“可靠性为中心的维修技术”的锅炉部件故障模式研究［J］．热能动力工程，2000（6）：618-620，705.

[82] 曹先常，蒋安众，史进渊．以可靠性为中心的发电设备维修技术研究［J］．发电设备，2002（4）：18-21.

[83] 吕一农．以可靠性为中心的维修（RCM）在电力系统中的应用研究［D］．浙江大学，2005.

[84] 段本成．以可靠性为中心的维修（RCM）在电力系统中的应用浅析［J］．电气开关，2011，49（4）：60-64.

[85] 吕来利．以可靠性为中心的变电设备维修决策应用研究［D］．华北电力大学（北京），2010.

[86] 朱峻永．电力企业实施以可靠性为中心的维修（RCM）的投资决策与评估［D］．浙江大学，2006.

[87] 潘乐真．基于设备及电网风险综合评判的输变电设备状态检修决策优化［D］．上海交通大学，2010.

[88] Hansen T. Wind turbines：Designing with maintenance in mind［J］. POWER ENGINEERING，2007，111（5）：36.

[89] Wilkinson M，Spinato F，Knowles M. Towards the zero maintenance wind turbine［J］. PROCEEDINGS OF THE 41ST INTERNATIONAL UNIVERSITIES POWER ENGINEERING CONFERENCE，VOLS 1 AND 2，2006：74-78.

[90] Deng M，Yu Y，Chen L，et al. Optimal Maintenance Interval for Wind Turbine Gearbox［M］//2012：112-118.

[91] Le B，Andrews J. Modelling wind turbine degradation and maintenance［J］. WIND ENERGY，2016，19（4）：571-591.

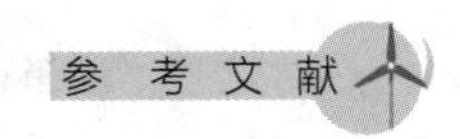

[92] Liu Y, Dai L. Maintenance-based Warranty for Offshore Wind Turbines [M] //2013: 1411-1415.

[93] Hockley C J. Wind turbine maintenance and topical research questions [M] //2013: 284-286.

[94] Anonymous. Study Maintenance strategies for Wind turbines [J]. BWK, 2012, 64 (3): 13.

[95] Byon E, Ntaimo L, Ding Y. OPTIMAL MAINTENANCE STRATEGIES FOR WIND TURBINE SYSTEMS [J]. 15TH ISSAT INTERNATIONAL CONFERENCE ON RELIABILITY AND QUALITY IN DESIGN, PROCEEDINGS, 2009: 75-79.

[96] Fonseca I, Farinha T, Barbosa F M. On-Condition Maintenance for Wind Turbines [J]. 2009 IEEE BUCHAREST POWERTECH, VOLS 1-5, 2009: 2951.

[97] Sarbjeet Singh, David Baglee, Knowles Michael, et al. Developing RCM strategy for wind turbines utilizing e-conditiong monitoring [J]. Int J Syst Assur Eng Manag, 2015. 6 (2): 150-156.

[98] Katharina Fischer, Francois Besnard, Lina Bertling. Reliability-Centered Maintenance for Wind Turbines Based on Statistical Analysis and Practical Experience. IEEE TRANSACTIONS ON ENERGY CONVERSION, 2012. 27 (1): 184-195.

[99] Joel Igba, Kazem Alemzadeh, Ike Anyanwu-Ebo, et al. A System Approach towards Reliability-Centred Maintenance (RCM) of Wind Turbines, Procedia Computer Science, 2013, 16: 814-823.

[100] 芮晓明，张穆勇，霍娟．试运行期间平均故障间隔时间的估计 [J]. 中国电机工程学报，2014，34 (21): 3475-3480.

[101] 谢鲁冰，芮晓明，林瑜茜，等．风力发电机组串联系统维修方法的研究 [J]. 动力工程学报，2018，38 (8): 674-681.

[102] 赵洪山，鄢盛腾，刘景青．基于机会维修模型的风力发电机组优化维修 [J]. 电网与清洁能源，2012，28 (7): 1-5.

[103] 鄢盛腾．基于机会维修模型的风电机组优化维修 [D]. 华北电力大学，2013.

[104] 周健．基于机会维修策略的风电机组优化检修 [D]. 华北电力大学，2011.

[105] 郑小霞，李佳，贾文慧．考虑不完全维修的风电机组预防性机会维修策略 [J]. 可再生能源，2017，35 (8): 1208-1214.

[106] 霍娟，唐贵基，贾桂红，等．并网风电机组寿命分布拟合与维修方案评价 [J]. 可再生能源，2016，34 (5): 712-718.

[107] 张健平．风电机组的状态评估与维修策略研究 [D]. 华北电力大学，2016.

[108] 张路朋．风电机组的状态机会维修策略 [D]. 华北电力大学，2015.

[109] 李娟娣．基于状态监测的风电机组预防性维修策略研究 [D]. 兰州交通大学，2015.

[110] 王瑞．风电机组典型故障维修决策 [D]. 华北电力大学（北京），2016.

[111] 黄琛，张智伟，寻健．考虑不完全维修的风电机组齿轮箱维修策略优化 [J]. 太阳能，2018 (6): 75-79，69.

[112] 刘华新，苑一鸣，周沛，等．一种基于风电机组部件重要度评价的维修方法及装置 [P]. 河北:

CN106991538A，2017-07-28.

[113] 陈林聪．风电机组齿轮箱预防性维修与机会维修决策研究 [D]. 华北电力大学（北京），2016.

[114] 霍明庆．风电机组传动系统预防维修决策方法研究 [D]. 华北电力大学（北京），2016.

[115] 陈玉晶．基于机会维修策略的风电机组变桨系统维修优化研究 [D]. 上海电机学院，2014.

[116] 刘世明，程尧．风电叶片的五年之忧——某风电场风电机组叶片定检、维护、维修统计分析报告 [J]. 风能，2011（10）：56-60.

[117] 杜勉，易俊，郭剑波，等．以可靠性为中心的维修策略综述及其在海上风电场运维中的应用探讨 [J]. 电网技术，2017，41（7）：2247-2254.

[118] 樊新军．以可靠性为中心的维修在风电场中的应用研究 [J]. 能源与节能，2014（11）：72-73，129.

[119] 刘璐洁，符杨，马世伟，等．基于可靠性和维修优先级的海上风电机组预防性维护策略优化 [J]. 中国电机工程学报，2016，36（21）：5732-5740，6015.

[120] 杨立飞，陈宇，黄立军，等．以可靠性为中心的维修在风电行业的应用 [J]. 中国设备工程，2014（10）：45-48.

[121] 张琛，郭盛，高伟，等．基于可靠度的风电机组机会维修策略 [J]. 广东电力，2016，29（2）：40-44.

[122] 潘其云．基于 RCM 的风电机组维修周期决策 [D]. 华北电力大学，2015.

[123] 柴江涛．基于 RCM 的风电机组维修决策技术研究 [D]. 华北电力大学（北京），2017.

[124] 王成成．基于可靠性分析的风电机组状态维修决策研究 [D]. 华北电力大学，2014.

[125] 郝晋峰，李敏，史宪铭，等．自行火炮状态维修决策支持系统 [J]. 火力与指挥控制，2012，37（3）：161-164.

[126] 王灵芝．高速列车设备维修决策支持系统的研究和实现 [J]. 设备管理与维修，2018（11）：24-27.

[127] 杨中书，范红军，陈友龙，等．飞行保障装备基于状态的维修决策支持系统研究 [J]. 四川兵工学报，2015，36（3）：35-38.

[128] 郭振军，雷琦，宋豫川，等．基于信息共享的船舶柴油机维修决策支持系统的研究 [J]. 新型工业化，2013，3（8）：89-97.

[129] 王雄威．基于性能参数预测的航空发动机维修决策支持系统研究 [D]. 哈尔滨工业大学，2013.

[130] 王茜．输变电设备维修决策支持系统研究 [D]. 华北电力大学，2015.

[131] 杨栋．火电机组可靠性评估与维修决策支持系统 [D]. 华北电力大学（北京），2006.

[132] 董玉亮．发电设备运行与维修决策支持系统研究 [D]. 华北电力大学（北京），2005.

[133] 姜运臣．智能维修决策支持系统的研究 [J]. 锅炉制造，2006（1）：75-76.

[134] 刘佳．风电场设备维修决策支持系统研究 [D]. 华北电力大学，2013.

[135] Norbert. Plant Maintenance Resource Center. 2001 Maintenance Task Selection Survey Results

[J]. www. plant-maintenance. com：2001：1-2.

[136] Mike Sondalini. When Dose It Pay To Use Reliability Centered Maintenance [J]. www. feedforward. com. au/oem _ reliability _ centered _ maintenance. Html1，2013：1-2.

[137] MSG-2：航空公司/制造公司维修大纲制定书.

[138] Pourahmadi F，Fotuhi-Firuzabad M，Dehghanian P. Application of Game Theory in Reliability-Centered Maintenance of Electric Power Systems [J]. IEEE TRANSACTIONSON INDUSTRY APPLICATIONS，2017，53 (2)：936-946.

[139] 徐贤东. 基于RCM理论的核电设备重要度即效益评估研究 [D]. 南华大学，2014.

[140] 姚念征. 继电保护状态评估方法的研究及其应用 [D]. 上海应用技术学院，2015.

[141] 蒋立刚. 给排水设备失效分析技术及其应用 [J]. 机电一体化，2012，18 (4)：86-90.

[142] 王志坤. 石化工业基于风险的设备检测管理研究 [D]. 天津大学，2006.

[143] 刘星，代有凡. 石油化工设备失效的几种类型 [J]. 石油化工设备技术，1995 (6)：19-22，69.

[144] Zhang Z，Duan D. Reliability Simulation Method of Substations Considering Operating Conditions and Failure Types [J]. INTERNATIONAL CONFERENCE ON ELECTRICAL AND CONTROL ENGINEERING (ICECE 2015)，2015：275-281.

[145] 陈学楚. 维修基本理论 [M]. 北京：科学出版社. 1999：32-34.

[146] 蒋太立. 基于RCM理论的维修决策研究 [M]. 北京：国防工业出版社，2009：13-16.

[147] Melicio R，Mendes，V M F；Catalao，J P S. Harmonic assessment of variable-speed wind turbines considering a converter control malfunction [J]. Renewable Power Generation，IET，2010，2 (4)：139-152.

[148] Ledesma，P Usaola，J Doubly fed induction generator model for transient stability analysis，Energy Conversion [J]. IEEE Transactions on，2005，2 (20)：388-397.

[149] 范士博. 开绕组无刷双馈风力发电机变流器结构与矢量控制研究 [D]. 沈阳工业大学，2014.

[150] 王高升. 永磁风力发电机结构分析及改进 [D]. 湖南大学，2015.

[151] 孙兆琼. 基于流一热协同机理的永磁风力发电机结构优化 [D]. 哈尔滨理工大学，2012.

[152] 吕向飞. MW级风力发电机组主轴系统结构分析 [D]. 重庆大学，2012.

[153] 张影. 垂直轴风力发电机塔架结构动力特性分析 [D]. 哈尔滨工业大学，2012.

[154] 尚彬彬. 垂直轴风力发电机叶片结构设计 [D]. 哈尔滨工业大学，2012.

[155] 蒋周伟. H型垂直轴风力发电机风振特性与结构优化研究 [D]. 武汉理工大学，2012.

[156] 何章涛. MW级风力发电机组主机架系统结构分析及优化设计 [D]. 重庆大学，2011.

[157] 田海姣. 巨型垂直轴风力发电机组结构静动力特性研究 [D]. 北京交通大学，2007.

[158] 窦真兰. 大型风机异步变桨技术的研究 [D]. 上海交通大学，2013.

[159] 施跃文，高辉，陈钟. 国外特大型风力发电机组技术综述 [J]. 电网技术，2008，32 (18)：87-92.

[160] 叶杭冶．风力发电机组的控制技术 [M]. 2版．北京：机械工业出版社，2006.

[161] 李兴国．风电机组系统分析关键技术研究及应用 [D]，重庆大学，2009.

[162] 张震宇．大型风力发电机组主控系统控制策略研究 [D]，北京交通大学，2014.

[163] 韩德海．风力发电机组主轴系统的结构分析研究 [D]. 重庆大学，2009.

[164] 盛杉．复合转子结构变速恒频风力发电机系统的研究 [D]. 哈尔滨工业大学，2010.

[165] 何宗领．基于滑模变结构控制的风力发电机组双PWM变流器的设计与仿真研究 [D]. 东北大学，2014.

[166] 冯博．风力发电机组塔筒结构分析研究 [D]. 重庆大学，2010.

[167] 李军．2MW风力发电机组塔架结构分析研究 [D]. 太原理工大学，2011.

[168] 刘闯．1.5MW风力发电机偏航系统主要结构动态特性分析 [D]. 沈阳工业大学，2016.

[169] 王绍印．故障模式和影响分析 [M]. 广州：中山大学出版社，2003.

[170] Redlarski G, Sliwinski M. Application functional safety concept in the generator automatically synchronizer assessment [J]. PRZEGLAD ELEKTROTECHNICZNY, 2008, 84 (6): 87-90.

[171] Chafai M, Refoufi L, Bentarzi H. Medium induction motor winding insulation protection system reliability evaluation and improvement using predictive analysis [M] //2007: 156-161.

[172] 谢开炎，吴根忠，潘东浩．大中型风力发电机控制系统可靠性设计研究．机电工程，1998 (1): 48-49.

[173] Yun C, Chung T S, Yu C W, et al. Application of reliability-centered stochastic approach and FMECA to conditional maintenance of electric power plants in China [J]. PROCEEDINGS OF THE 2004 IEEE INTERNATIONAL CONFERENCE ON ELECTRIC UTILITY DEREGULATION, RESTRUCTURING AND POWER TECHNOLOGIES, 2004 (1、Z): 463-467.

[174] 王维珍，庞雷．基于FMECA的电力电缆故障分析 [J]. 电力安全技术，2016，18 (10): 29-32.

[175] 赵秋丽．风电机组部件超温故障的FMECA分析及控制 [D]. 华北电力大学（北京），2016.

[176] 王超．基于灰色理论的电力负荷预测研究 [D]. 山东大学，2016.

[177] Ben-Daya M, Raouf A. A revised failure mode and effects analysis model. International Journal of Quality Reliability Management. 1993, 3 (1): 43-47.

[178] Chang CL, Wei CC, Lee YH. Failure mode and effects analysis using fuzzy method and grey method. Kybernetes. 1999, 28 (9): 1072-1080.

[179] Anand Pillay, Jin Wang. Modified failure mode and effects analysis using approximate reasoning. Reliability Engineering and System Safety, 2003, 79 (1): 69-85.

[180] Chen CB, Klien CM. A simple approach to ranking a group of aggregated fuzzy utilities. IEEE Trans Syst Man Cybernet, Part B: Cybernet. 1997, 27 (1): 26-35.

[181] 刘岩．基于灰色理论的油浸式电力变压器故障诊断研究 [D]. 河北科技大学，2017.

[182] 金鑫．基于灰色理论的短期电力负荷预测系统设计与实现［D］．浙江工业大学，2016.
[183] 王磊．基于威布尔分布的油田机采井故障率研究［D］．东北石油大学，2014.
[184] 安宗文，许洁，刘波．基于无故障数据的风电机组齿轮箱可靠度预测［J］．兰州理工大学学报，2015，41（2）：35-39.
[185] 沈安慰，郭基联，王卓健．竞争性故障模型可靠性评估的非参数估计方法［J］．航空动力学报，2016，31（1）：49-56.
[186] 佟宝玲．考虑多状态性的风电机组主传动链可用度分析［D］．兰州理工大学，2013.
[187] 张继权．基于比例强度模型的风电机组优化检修策略研究［D］．华北电力大学，2011.
[188] 凌丹．威布尔分布模型及其在机械可靠性中的应用研究［D］．电子科技大学，2010.
[189] 王冠雄．加工中心早期故障期及偶然故障期可靠性分析［D］．大连理工大学，2014.
[190] 赵宇．可靠性数据分析［M］．北京：国防工业出版社，2011.
[191] 曹晋华，程侃．可靠性数学引论［M］．北京：科学出版社，1986.
[192] 马文·劳沙德．系统可靠性理论：模型、统计方法及应用［M］．2版．北京：国防工业出版社，2010.
[193] 李潇．基于支持向量回归的电力采购评标方法研究［D］．天津大学，2010.
[194] 殷子皓．基于支持向量回归建模方法的短期电力负荷预测研究［D］．天津大学，2010.
[195] 张哲，赵文清，朱永利，等．基于支持向量回归的电力变压器状态评估［J］．电力自动化设备，2010，30（4）：81-84.
[196] Li D，Gao J. Study and application of Reliability-centered Maintenance considering Radical Maintenance［J］. Journal of Loss Prevention in the Process Industries，2010，23（5）：622-629.
[197] 李大虎，江全元，曹一家．基于聚类的支持向量回归模型在电力系统暂态稳定预测中的应用［J］．电工技术学报，2006（7）：75-80.
[198] 潘骏．电力系统可靠性的蒙特卡洛方法［D］．中国科学技术大学，2016.
[199] 晏飞．基于蒙特卡洛模拟的含风电场电力系统可靠性评价［J］．电气应用，2013，32（2）：66-69.
[200] 赵渊，徐焜耀，吴彬．大电力系统可靠性评估的蒙特卡洛仿真及概率密度估计［J］．重庆大学学报（自然科学版），2007（12）：16-20.
[201] Triantaphyllou E，Kovalerchuk B，Mann L，et al. Determining the most important criteria in maintenance decision making. Journal of Quality in Maintenance Engineering，1997，3（1）：16-24.
[202] 别朝红，王锡凡．蒙特卡洛法在评估电力系统可靠性中的应用［J］．电力系统自动化，1997（6）：68-75.
[203] 傅森木．SF_6 高压断路器的状态评价及其检修决策研究［D］．华南理工大学，2016.
[204] 潘骏，陈子沐，詹月红．电力系统可靠性的蒙特卡洛方法［J］．数理统计与管理，2017，36（2）：208-214.

[205] 刘华鹏．基于威布尔分布的风机齿轮箱元件最优更换时间 [J]. 电网与清洁能源，2011，27 (4)：62-65.

[206] 庞名泰，郭金茂，张耀辉．定时维修间隔期的优化计算方法 [J]. 四川兵工学报，2013，34 (9)：39-40.

[207] 曾杰，董俊杰．基于可靠性重要度的复杂产品定时维修间隔期优化 [J]. 装备学院学报，2013，24 (2)：108-111.

[208] 卜婷婷，张建华，吴旭，等．基于熵权法和改进层次分析法的电力系统黑启动方案评估 [J]. 现代电力，2013，30 (5)：36-40.

[209] 王敬敏，孙艳复，康俊杰．基于熵权法与改进 TOPSIS 法的电力企业竞争力评价 [J]. 华北电力大学学报（自然科学版），2010，37 (6)：61-64.

[210] 李刚，焦亚菲，刘福炎，等．联合采用熵权和灰色系统理论的电力大数据质量综合评估 [J]. 电力建设，2016，37 (12)：24-31.